「側衛」之路

從蘇-27到蘇-35

[英] 梅爾・威廉姆斯（Mel Williams）著

王志波 譯

國家圖書館出版品預行編目 (CIP) 資料

「側衛」之路：從蘇-27到蘇-35(Super Flanker) / 梅爾.威廉姆斯(Mel Williams)著；王志波譯. -- 第一版. -- 臺北市：風格司藝術創作坊, 2017.08
面； 公分
譯自：*Super Flanker*
ISBN 978-986-95190-6-9(平裝)

1. 戰鬥機

598.61 106013136

全球防務 001

「側衛」之路——從蘇-27到蘇-35

作　　者：梅爾・威廉姆斯（Mel Williams）
譯　　者：王志波
責任編輯：苗　龍
出　　版：風格司藝術創作坊
發　　行：軍事連線雜誌
地　　址：106台北市大安區安居街118巷17號
Tel：（02）8732-0530　Fax：（02）8732-0531
http://www.clio.com.tw
總 經 銷：紅螞蟻圖書有限公司
地　　址：台北市內湖區舊宗路二段121巷19號
Tel：（02）2795-3656　Fax：（02）2795-4100
http://www.e-redant.com
出版日期：2018年05月　第一版第一刷
訂　　價：480元

ISBN 978-986-95190-6-9　Printed in Taiwan

CONTENTS

目录

901

第1章
研製目標

蘇—27「側衛」被視為前蘇聯航空工業的傑作，具有無與倫比的氣動性能和極好的操縱品質——特別是在攻角（AoA）很大和過失速包線時。與同時代的米格—29 相比，蘇—27 航程更遠，攜帶的武器更充分，因此具有出色的持續作戰能力。但是，大部分分析家也知道，早期的蘇—27 也存在著很大的缺陷——粗糙的雷達，老舊的航電設備，以及糟糕的人機界面，如果沒有地面指揮截擊（GCI）控制員的幫助，這些不利因素將嚴重限制飛行員發揮戰機性能的能力。它還缺乏真正意義上的多用途能力。當冷戰結束時，蘇—27 先進改型的研製仍在進行，甚至一部分新式衍生型號已經升空了。儘管後來蘇聯解體，經濟也隨之崩潰，但這並沒有完全扼殺蘇—27 的改進計劃。但是由於經費吃緊，計劃的進展速度如同蝸牛爬行一般。1991 年，蘇—27 的生產工作只能零星進行；1993 年，則完全終止，只有用於出口的蘇—27 還在繼續生產。

20世紀80年代初期，蘇—27S剛剛問世，蘇霍伊設計局的尼古拉尼基京帶領一個研製小組開始了改進蘇—27的構想，他們要將蘇—27改為綜合作戰性能優於截擊機、殲擊機和攻擊機的多用途戰鬥機，這就是蘇—27M計劃，也就是最初的蘇—35。

上圖：一架裝備空對空武器的蘇—27「側衛B」戰機。

下圖:一架蘇—27「側衛」B降落時打開尾部減速傘。

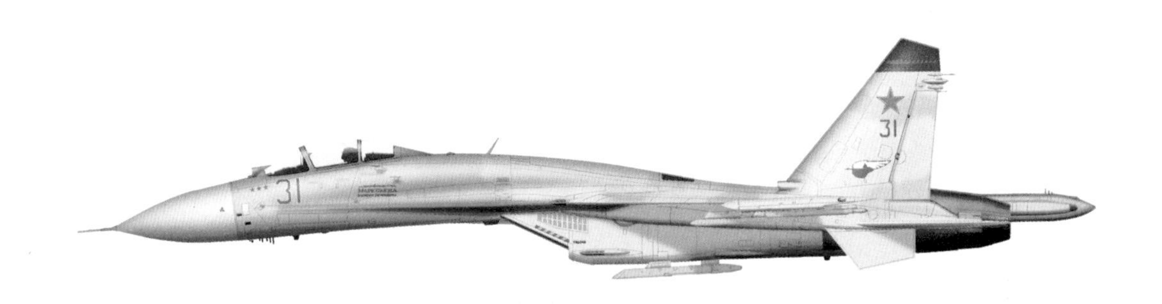

"蓝31"号苏—27。

上圖：一架掛載了空空導彈蘇—27進行戰鬥巡邏。

1985年,首架原型機701號(工廠編號T10M—1)問世,1988年進行了試飛,1992年參見范堡羅航展航空展。最初的701號原型機以蘇—27為基礎,為了提高的敏捷性,起飛和降落能力,增加了鴨翼和增加燃油的「濕」垂直尾翼。隨後鴨翼也被應用在了蘇—33上。但是最終還是放棄使用在蘇—35上,目的主要是為了提高其隱身性能。它與標準蘇—27戰鬥機之間的區別不大,只是增加了空中加油探管和採用了新型「玻璃」座艙。

後來,蘇霍伊設計局又改裝了4架並預生產了5架蘇—27M戰鬥機,分別命名為T10M—2—T10M—10。蘇霍伊設計局將這種型號命名為蘇—35型戰鬥機,主要目的是希望出口。

蘇—27 基本型的研製，是為了滿足蘇聯國土防空軍殲擊機部隊（IA—PVO）對遠程重型截擊機的需要，主要用於取代蘇—15、圖—128 和米格—25 等飛機，甚至作為對速度快、航程遠的米格—31「捕狐犬」的必要補充。與之相關的需要，還促成了與蘇—27 佈局相似，但航程較短，重量較輕的戰術戰鬥機——米格—29 的誕生。蘇—27 基本型與米格—29 比較接近，這兩種飛機擁有相似的氣動性能和局限性。西方國家對米格—29 進行了廣泛評估，並與其最優秀的戰鬥機進行了對抗，贏得了令人生畏的近距離「格鬥戰鬥機」（俗稱「狗斗機」）的稱號。大部分資質較深的武器教官都會提醒自己的學員不要試圖在米格—29 或者蘇—27 擅長的領域作戰。這條建議就是「不要與豬摔跤。你和豬都會弄髒，但是豬以此為樂」。

蘇—27 的原型機 T—10—1。

滿載彈藥的蘇—30MK。

儘管過去十幾年中，蘇—27的機身結構也在不斷改進，但是蘇—27 基本型一直是俄羅斯防空力量的中流砥柱。在眾多改進型中，蘇—35(上圖和本章第一張圖片) 的機動性尤其出色，還安裝了前置鴨翼。下圖中的蘇—30KN 攜帶的是 Kh—31(北約代號 AS—17「氪」) 反艦導彈，以及防空作戰的 R—77 (北約代號 AA—12「蝰蛇」) 和 R—73 (北約代號 AA—11「射手」) 空對空導彈。

其實原型機還生產了 2 架編號為 711（T10M—11）和 712（T10M—12），並命名為蘇—37。711 號原型機在早期蘇—35 的基礎上採用了具有推力矢量的 AL－37FU 發動機，同時還採用了由 3 個多功能顯示器組成的先進「玻璃」座艙、側桿操縱和非移動的壓敏型油門桿。

蘇—27和米格—29的超視距（BVR）天線性能也較為相近，因為在一定程度上，它們的部分航電設備是通用的。蘇—27所使用的雷達（北約代號「翼縫背」）更為強大，天線尺寸也較大，因此探測距離也更遠，但是與米格—29一樣，缺乏機載數據處理能力，因此蘇—27的飛行員不得不依靠地面指揮截擊（GCI）控制。這兩種飛機都使用R—27（北約代號AA—10「楊樹」）導彈，區別在於蘇—27可以攜帶6至8枚，而米格—29只能攜帶兩枚，而且蘇—27還可以攜帶尺寸更大、射程更遠的R—27ET型。由於超視距作戰能力不佳，蘇—27就格外強調輕載時的機動性，特備是在低速、大攻角（High—Alpha）的飛行包線時。當內油箱裝滿時，飛機的過載和機動性都會下降，超音速機動性也會受到影響。但是在輕載，特別是低速飛行時，蘇—27具有出色的機動和過失速性能，這就使飛行員可以輕鬆將飛機拉離飛行軸線，從容對付瞄準線之外的目標。低速格鬥的重要性有時被誇大了，因為這種戰術極為危險，而且有太多的不可預測性。理智的飛行員都會選擇脫離近距離格鬥，重新進入超視距作戰狀態；一旦交戰陷入轉彎格鬥時，一定要保持空速和能量。蘇霍伊設計局和蘇聯空軍也意識到了蘇—27 最初型號的局限性，並計劃推出第二代飛機———種多用途飛機，強化空對地攻擊能力，包括全天候精確攻擊能力，同時不能影響空對空作戰能力。這種新型飛機要取代蘇聯前線航空兵的一系列飛機，如米格—23ML，米格—27 和蘇—17，甚至包括最初型號的米格—29 和蘇—27。蘇聯國土防空軍殲擊機部隊（IA—PVO）也打算用這種新飛機取代自己最初型號的蘇—27。

裝備了推力矢量發動機使得 711 號原型機的機動性能大大提高。711 號原型機在 1996 年 4 月 2 日首飛，當年 9 月在范堡羅航展上表演了令人眼花繚亂的超機動動作。例如，幾乎零半徑、零掉高在垂直方向上 360°翻轉（Kulbit）; 垂直上升，以矢量推力維持在最高點數秒，然後再改出的 " 鐘擺 "; 將攻角拉到約 120°的 " 超級眼鏡蛇 " 以及許多未命名動作，轟動了整個世界。

米格—29 M的三視圖。

米格—29S 對比原來的米格—29A 有幾個變化，其中機背隆起，擴大了機身油箱。增大航程。 更新了雷達和電子設備。

而 711 號原型機在 2002 年 12 月 19 日因事故墜毀在莫斯科近郊。隨後 712 號的推力矢量發動機被撤走，被佩給了俄羅斯的「俄羅斯勇士」飛行表演隊。

原本蘇—37 預計銷售給韓國，遺憾的是推力矢量發動機裝載延誤，最終沒有實現生產。

由於蘇—27 飛機具有良好的設計和較大的改進餘地，該機已經向一機多用方向發展。在蘇—27 飛機的基礎上，俄羅斯先後推出了蘇—27PU（蘇—30），蘇—27K（蘇—33），蘇—27IB 和蘇—27KU（蘇—34）以及蘇—35 等多種型號，發展成蘇—27 系列飛機。

作為蘇—35 前身的蘇—27 在蘇聯解體時，大約已經製造了 700 架早期型，其中俄羅斯空軍大約裝備 12 個飛行團。由於訓練經費十分拮据，俄空軍飛行員駕駛蘇—27 戰鬥機的飛行時數明顯減少，客觀地延長了其機體壽命，使其服役時間可以進一步延長。機已經明顯呈現出時至今日，這些戰鬥設備老化的態勢，總體性能難以適應不斷變化的空戰環境。因此，俄空軍決定分步驟對現役蘇—27 戰鬥機進行大幅度升級，以確保這些戰鬥機具備更加高效的作戰能力，可以一直服役到第五代戰鬥機出現。

這種初步需要意味著蘇—27基本型的改進方案會出現輕、重兩種途徑並存的局面，很明顯這沒有充分考慮成本因素，而且軍方也不願意把所有的雞蛋都放在一個籃子裡，因此不同意研製一種輕型、低成本的蘇—27衍生型號。因此，米高揚設計局推出了米格—29M。嚴格地說，新式蘇霍伊戰機（蘇—27M）和米格—29M不能算作競爭對手，因為在採購中它們可以高低搭配，兩家公司都可以分得一杯羹，因此競爭意識也就不那麼強烈了。顯而易見的是，除了蘇—27M空優戰鬥機之外，蘇—27家族有著眾多的衍生型號——蘇—30截擊機，蘇—33艦載戰鬥機，蘇—27IB戰術戰鬥轟炸機等。到了90年中期，出口型蘇—27已經無法吸引更多的國外訂單了。那時便有人強烈建議對蘇—27進行升級，一架經過重新塗裝的飛機被用做驗證機，前機身上噴上了蘇—27SMK的字樣。

這種新型飛機的最初升級打算只是從米格—29SMT上簡單地移植一些先進零件和系統。按照這種方案，新型蘇—27會安裝以「甲蟲」雷達為基礎研製的法左特龍—NIIR公司的「珍珠」雷達或俄羅斯儀器製造科學研究院（NIIP）的N011M雷達。但是，這一計劃被放棄了，與之對應的俄羅斯空軍蘇—27SM升級計劃也被放棄了。按照此方案改進的蘇—27SMK可以用「樸實無華」來形容。按照原定計劃，第一階段的改進型（用於出口，被稱作蘇—27SMK—I）將沿用蘇—27的基本結構，加裝可收縮式空中受油管、GPS、改進型導航設備和無線電，增加外掛點（可參考蘇—30），以及更大的機翼整體油箱和兩個掛在機翼下面的528加侖（2000升）副油箱。計劃中的第二階段改進型（所謂的蘇—27SMK—II）將可以攜帶各種精確制導的空對地武器，以及多達8枚的R—77空對空導彈。但是這兩種SMK改型都沒有獲得任何訂單。

兩架「側衛」正在接受一架伊爾—78M「邁達斯」的空中加油。進行空中加油作業時，伊爾—78M 可攜帶 3 個 UPAZ 加油吊艙（兩個位於機翼下方，一個位於機身後部左側）。俄羅斯空軍中的伊爾—78M 數量有限，但是這並不意味著俄羅斯空軍對空中加油機的需要不那麼迫切，而是因為財力有限，空中加油機大都被限制於為轟炸機群服務。對空中加油作業的操縱和控制主要通過飛機尾部炮塔的觀察（機炮已經拆除），炮塔下方安裝有交通燈系統，用於引導進行空中加油的飛機。

上圖：2008 年海上巡航，一架停在庫茲涅佐夫號旁的蘇—33。注意圖中的 R—73 短程空對空導彈。

下圖：飛行甲板的另一視角，兩架蘇—25UTG 教練機和「側衛—D」停在艦尾處。注意每架飛機除俄羅斯海軍旗外不同花紋的迷彩圖裝。

上圖：戰鬥機被牢牢拴在航空母艦甲板上。

左圖：庫茲涅佐夫號內部的飛機庫，蘇—33 相對而立，並且都被固定在地面上。

53
Vasiliy Zolotov

902

這架蘇—30 的工廠編號是 96310104007，生產於 1996 年 7 月 24 日，最初隸屬國土防空軍（PVO）。後來國土防空軍（PVO）與俄羅斯空軍（VVS）合併了。

蘇—27「側衛」B型三視圖。

08

蘇霍伊設計局充分利用近年來研製蘇—30MKK 多用途戰鬥機的經驗，提出了將一部分蘇—27 戰鬥機升級為蘇—27SM 型。直到 2000 年，俄空軍內部才基本達成了一直意見，採納了蘇—27SM 型方案。

2002 年 12 月 27 日，第一架蘇—27SM 原型機實現首飛。據稱，該機主要改進了機載電子設備，採用了「玻璃」座艙、相控陣雷達、光電瞄準吊艙和數字式電傳操縱系統等，能夠有效地完成空對空和空對地攻擊任務，總體作戰性能已經優於蘇—30MK 系列出口型戰鬥機。

蘇—35 戰鬥機被稱為蘇—27 的「終結者」，是最接近第五代戰鬥機（西方標準的第四代）的戰鬥機。

儘管早期遇到不少挫折，但是蘇—27的發展改進故事中最為傳奇的部分卻是這樣的——作為國土防空軍（PVO）的一種專用遠程重型截擊機，竟最終發展成能夠扮演眾多角色、並成為眾多改進型和衍生型號的基礎。蘇—27驚人的內油量和載彈量，自然使它成為航程更遠、航時更長的戰鬥機（如蘇—30）和遠程攻擊機（如蘇—30M和蘇—27IB）的設計基礎。但是值得注意的是，蘇—27之所以能夠如此成功，還要得益於它是蘇霍伊設計局（OKB）的作品。蘇霍伊設計局的自由學習式管理很大程度上是受到了當時蘇聯自由主義思潮的影響，特別是該設計局的首席設計師、傳奇人物米哈伊爾·西蒙諾夫是最高蘇維埃委員，負責監督管理航空工業。西蒙諾夫能夠照顧和保護自己的設計局（OKB）和與之相關的工廠，並保證了設計局（OKB）和這些工廠在俄羅斯時代的首次集團改組實驗。在戈爾巴喬夫和葉利欽執政期間，蘇霍伊設計局（OKB）的地位遠高於其他設計局。儘管國防經費削減，蘇霍伊設計局的計劃仍可以順利進行，而其他設計局的競爭性產品則面臨著縮減或流產的命運，即便有時競爭對手的產品可能更適應軍方的需要。蘇霍伊設計局非常擅長、也非常樂於玩

弄政治手腕。新的設計計劃比現有設計的炒冷飯更容易得到資金支持，這時蘇霍伊設計局就會命名新的編號，而實際上卻只不過是蘇—27的衍生型號。因此，蘇—27IB改稱蘇—34和蘇—32，而蘇—27K則搖身一變成了蘇—33。同樣，蘇—27PU變成了蘇—30，而蘇—27M則變成了蘇—35和蘇—

37。1995年，一位分析家抱怨說蘇霍伊設計局給飛機的命名數量比它生產的飛機還多。為了避免型號混淆，俄羅斯空軍最初頑固地拒絕使用新的命名，而沿用以前的命名。但是最終俄羅斯海軍航空兵（AV—MF）迫於壓力，將其蘇—27K重新命名為蘇—33。

兩架蘇—27正準備起飛進行飛行訓練。該圖拍攝於利佩茨克空軍基地，位於莫斯科以南235英里處，是俄羅斯空軍（VVS）戰術技能訓練中心。

上圖：這架蘇—27SM掛載了一枚Kh—31A反艦導彈。

上圖：蘇—27SM的空對面武器組合，掛載於中線包括Kh—59M 空地導彈的以及配套使用的APK—9U制導吊艙，左側發動機下還掛裝了一枚Kh—29D 空地導彈掛載於，MBD3—U6—68炸彈掛架上掛載了三枚250千克航空炸彈。

上圖：蘇—27SM 戰機的座艙，從座艙前部的偏置式光電系統可以很容易的分辨出這種改進型的蘇—27。

1986 年至 1988 間創造了多項世界紀錄的蘇—27。如絕對高度和爬升率。在打破紀錄的飛行中，飛機重量盡可能降至最低——連油漆都刮掉了。

作為目前唯一一支裝備蘇—33 部隊，「庫茲涅佐夫」航母的艦載機於 1995 年離開塞維爾摩爾斯克基地，飛至莫斯科附近的庫賓卡空軍基地進行檢修。這些蘇—33 噴塗的是第 279 艦載戰鬥機航空團（KIAP）第 1 中隊的標誌。

蘇—27 K（蘇—33）型三視圖。

然而，俄羅斯空軍對於初露鋒芒的蘇—27SM 戰鬥機並不完全滿意，希望進一步提高機動性能和攻擊威力，於是提出了在此基礎上，通過採用更多成熟的先進技術，甚至盡可能地利用第五代戰鬥機上的一些技術，來研製一種蘇—27SM2 型戰鬥機。考慮到第 5 代戰鬥機還處在研製階段，俄空軍已經在「俄羅斯 2015 年前國家武器規劃」中，將蘇—27SM2 戰鬥機作為重點，並列出了相應的採購預算。

蘇—30 多用途戰鬥機是俄羅斯蘇霍伊設計局在蘇—27 基礎上改進而成的戰鬥轟炸機。其研製工作始於 80 年代初，最初的兩架原型機在 80 年代首飛，被命名為蘇—27PU 或蘇—30。

56

在蘇—27SM2 的基礎上開發了了它的發展型號蘇—35，主要針對海外市場。

與此同時，蘇霍伊設計局再次考慮到出口市場的需要，研究如何為蘇—27SM2 戰鬥機命名一個頗具影響而又令人印象深刻的型號序列，目的是突出第 4++ 代多用途戰鬥機的定位。

第2章

蘇—27M/ 蘇—35/ 蘇—37

儘管蘇—27M（蘇霍伊設計局內部稱之為T—10M）主要改進的是多用途和空對地攻擊能力，蘇霍伊設計局卻聲稱主要目標是改進格鬥性能——更大的攻角（可提升30個單位），改善了大攻角操縱性能，不穩定性提高了3.5倍，重量也更輕了。蘇霍伊設計局（OKB）還為這款戰鬥機配備了射程超遠的空對空導彈——使戰鬥機不必依賴地面指揮截擊（GCI）的控制，還可以通過數據鏈與搭載機載預警和控制系統（AWACS）的飛機或者其他戰鬥機結合，進行目標自動分配。

蘇—35很顯著的一個特點就是去掉了鴨翼。比起蘇—27，蘇—30，蘇—33都有更大機翼和引擎，更大的機鼻，更多碳纖維複合材料和鋁鋰合金機身，更大方形尾翼。將其使用壽命顯著地延長到6000飛行小時。數據表明，它的翼展增大到15.3米，比蘇—27S戰鬥機增加了0.6米，垂尾內安裝了油箱，從而使內部燃油載荷增加了20%，達到11500千克。

推力矢量引擎的使用和主動控制技術（Control ConfiguredVehicle，CCV）的提高，使得飛機的機動性獲得了大大地提高，同時採用了大量的電波吸收材質的材料，大大減少了雷達散射界面（Radar Cross—Section，RCS）和空氣阻力。

901

901

其他方面，在水平尾翼上加入了碳素纖維。取消了機體背部的減速板，增大了載油量。還有比如說前起落架採用了雙輪，收納式的空中加油管。尾椎和垂直尾翼的形狀也與蘇—27 有所不同。兩台引擎間的機體上部的形狀也與蘇—27 有所不用，不太容易發覺。

蘇—27LL—PS 的側視圖。

蘇—35戰鬥機採用了「數字式飛機綜合控制系統」，實現了電傳飛控系統、大氣數據系統和起落架機輪剎車控制系統等各種功能的綜合控制。

儘管蘇霍伊設計局熱衷於提升飛機的空戰性能，但增強空對地攻擊能力的要求也是重要的推動力。改型機的核心設備包括新式N—011多模式雷達，改進型紅外搜索與跟蹤（IRST）設備（具備平行激光束和電視信道，用於發射先進的精確制導導彈），以及新式進攻型電子戰（EW）設備。飛機還安裝了全新的「玻璃化」座艙，為了完全發揮新式前置鴨翼的作用，而採用了全新的四余度數字式線傳飛控（FBW）系統，但是仍保留了部分模擬信號設備。蘇—27M是作為一種全新的飛機來設計的，現有的蘇—27則要退居二線。對海外客戶來說，則有機會獲得重新設計的機身。儘管蘇—27和蘇—27M外觀上的區別並不大，但實

際上與米格—29M一樣，蘇—27M也大量使用了複合材料和鋁鋰合金，從而降低了重量，增加了內部容積。為了能夠承擔空對地攻擊任務，它就必須能夠在重載的情況下作戰，起落架也

Mark Styling

20 世紀 90 年代，蘇—35（蘇—27M）憑借出色的航程和機動性，參加了多次國際性戰鬥機競標項目。但是其採購成本較低的優勢卻因為高昂的全壽命成本而大打折扣。此外，蘇俄機載設備的真正性能仍是個問題。

必須加強，以提高最大起飛重量。鼻輪也經過了重新設計，採用了雙輪鼻輪。新式雷達使得機頭雷達罩變得更長、更優雅，而後向雷達則要求凸起的尾錐加厚一些。大部分原型機的垂尾也增高了，有點像蘇—27UB的垂尾，而方向舵一直延長到了垂尾根部，垂尾頂部是平的。

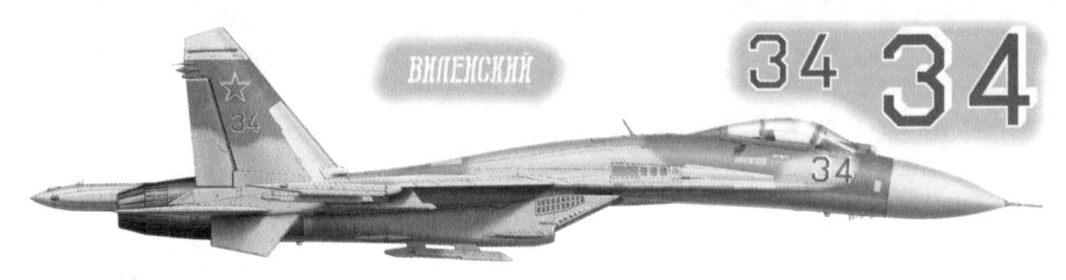

"蓝34" 号苏—27

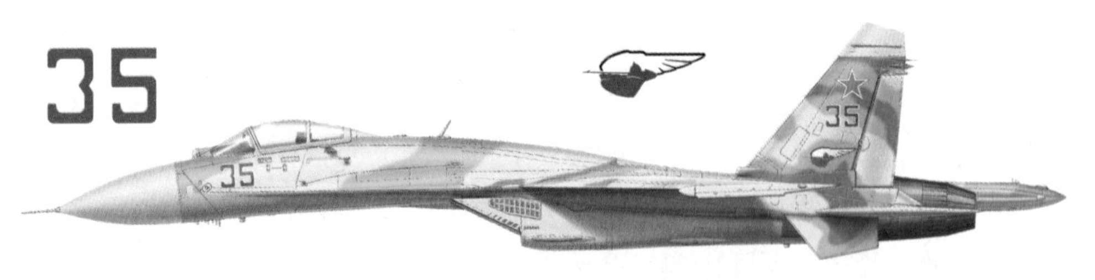

"红35" 号苏—27

"红08" 号苏—27

"红66" 号苏—27

902

第一架生產型蘇— 35 的飛機編號（Bort）為 710。

蘇—35 採用的是土星聯合體製造的推力矢量引擎 AL—31F—M3 的發展型號 AL—41F1S(117S)，具備超音速巡航功能。它裝有一種更加先進的風扇，直徑增加了 3%，即從 905 毫米增加到 932 毫米，並採用了先進的低壓渦輪和高壓渦輪，同時還採用了精密的數字式控制系統。通過這些措施，該發動機的推力增加了 16%，達到 145 千牛，推重比超過 10，完全可以保證戰鬥機以 1200 千米 / 時以上的速度進行超音速巡航飛行。

AL—41F1S 是針對 PAKFA（T—50）開發的 AL—41F 引擎的發展型號，從引擎根部開始裝載了可動式的推力矢量控制，與現役的 AL—31F 發動機相比，117S 發動機的使用壽命增加了 2 ~ 2.7 倍，兩次大修間隔時間從 500 小時增加到 1000 小時，給定使用壽命從 1500 小時增加到 4000 小時。這對俄制航空發動機來說，可以說是一個極限紀錄。它意味著飛行員可以在發動機例行檢修前完成更長時間的戰鬥飛行，同時可大量降低發動機維修費用。

第一架蘇—27M原型機首飛於1988年6月28日，它的測試和試飛任務優先為驗證修改過的飛行控制系統（FCS）軟件和新式前置鴨翼服務。蘇霍伊設計局樂觀地認為這種新型飛機會於1995年服役，早早地就將它稱作蘇—35。而官方直到1993年才正式將其命名為蘇—35。儘管其競爭對手米格—29M計劃已經終結了，但它的研製節奏依然很慢，而且情況也越來越明朗——蘇—27M已經不可能大規模裝備了。該計劃能夠蹣跚前行，而尺寸較小、價格更為便宜的米格—29K卻被取消了，很多人對此迷惑不解，因為米格—29K的靈活性更高，更適合扮演空對地攻擊的角色，而且也更適應冷戰後的世界。有資料顯示，阿穆爾河畔共青城飛機生產聯合體（KnAAPO）生產的三架飛機（藍色86，87和88）就是生產型蘇—35，這三架飛機於1996年或19976年由共青城送至阿赫圖賓斯克——而它們有可能是由蘇—27M原型機改裝或翻新而來的。不管製造商是誰，俄羅斯空軍（VVS）仍將這種飛機稱作蘇—27M。

飛機編號（Bort）711 的蘇—37 安裝的 AL—37FU 發動機，其巨大的矢量推力噴嘴格外搶眼。從這張圖片中可以清楚地看出，蘇—37 使用的是蘇—35 的機身。在經驗豐富的試飛員葉夫根尼·弗羅洛夫的操縱下，蘇—37 做出了無與倫比的過失速機動，並為蘇霍伊設計局收集了寶貴的性能數據。下圖就是蘇—37 在一次公開展出時展示的機動動作。蘇—37 在國外的首次露面是 1996 年的范堡羅航展，它還參加了 1997 年在法國布爾熱機場舉辦的巴黎航展。

901

902

除了特別的氣動佈局的氣動力優勢外，蘇—35 還採用了四余度數字式三維電傳飛控系統，使得蘇—35 沒有攻角限制。因此，蘇—35 能更輕易的作出高難度動作，噴氣口的偏轉角度大，且易於控制，使氣動性能本已十分出眾的蘇—35 如虎添翼。例如，在著名的 " 鐘擺 " 動作中，蘇—35 就需要憑借其矢量推力機首向上在頂點停留數秒，然後以機尾為圓心、機長為半徑做 180°轉向。

蘇霍伊設計局稱終極改進型蘇—27M將安裝矢量推力發動機，安裝矢量推力發動機的樣機將會參加1994年的范堡羅航展。儘管經費被大幅削減，蘇霍伊設計局仍想法設法為第11架，也是最後一架蘇—27M研發機安裝了矢量推力發動機。1996年4月2日，這架飛機完成了首飛，但噴嘴被鎖定為向後的狀態。這架飛機完全是由蘇霍伊設計局自己出資製造的，因為俄羅斯空軍沒有提出矢量推力的性能要求，因此這架飛機只能算是為出口型「側衛」提供矢量推力的嘗試。蘇霍伊設計局將這架飛機命名為蘇—37，具有優異的機動性，所展示的機動動作可與X—31媲美，而且是在航空表演的高度非常可靠地做出的。但是，蘇—35/蘇—37的未來仍充滿了不確定性。俄羅斯空軍沒有對它表現出多少興趣，它的命運更多地取決於出口訂單。又或者，它最終只能簡單地作為其它型號（如蘇—30MK）的技術驗證機。

蘇—37是俄羅斯第一種採用矢量推力的戰鬥機，安裝的是兩台留裡卡—土星或莫斯科「禮炮」發動機製造廠的發動機，每台推力為28219磅（125.5千牛）。由於俄羅斯空軍沒有正式提出矢量推力的性能要求，蘇霍伊設計局只得自掏腰包來實現這一概念，完成了第11架，也是最後一架蘇—27M研發機的發動機更換。如果將其視作驗證機，蘇霍伊設計局當然希望它能夠吸引出口訂單。

711

第3章

蘇—27PU/ 蘇—30

蘇—30KI 這一名稱出現於 1998 年，這是一種單座戰鬥機，塗裝底色是中國空軍迷彩，機翼上表面、機身和垂尾外側則採用碎片式迷彩。這種飛機以標準單座型蘇—27 為基礎，加裝了可收縮式空中受油管，類似於蘇—30、蘇—32、蘇—33、蘇—34 和蘇—35/37。有資料顯示，它還曾以出口印度尼西亞的單座型蘇—30 的原型機或驗證機的身份出現過，但是亞洲金融危機使該計劃流產。除了空中受油管、GPS 和西方的甚高頻全向信標 / 測距裝置（VOR/DME）以外，這種飛機還具有蘇—30 的哪些增強持續力的特徵，還不得而知。為印度尼西亞研製的出口型蘇—30 以「KI」為後綴，該型機於 1998 年 6 月 28 日完成首飛，隨後被送至阿赫圖賓斯克的契卡洛夫試飛中心進行測試評估。它參與了 RVV—AE（北約代號 AA—12「蝰蛇」）空對空導彈的發射試驗，並成為蘇霍伊設計局為俄羅斯空軍升級現役蘇—27 的新計劃的基本型號——而名稱則換成了蘇—27SM。儘管蘇霍伊設計局混淆視聽地將該計劃稱作蘇—30KI，但是俄羅斯空軍既不會接受蘇—30 的名稱，也不

會接受所謂的「KI」後綴。不管如何命名，升級型蘇—27將具備全晝夜精確攻擊能力。它採用了烏拉爾光學儀器廠（UOMP）的「游隼」（Sapsan）光學目標指示吊艙，吊艙包括一個激光指示器和一個平行安裝的熱成像儀。負責升級計劃的項目經理們還希望為它安裝N—011VE雷達，新式任務計算機，擴展的ECM/EW能力和蘇—30MKK的「玻璃化」座艙。

儘管蘇霍伊設計局推出了眾多型號的蘇—27改型，但是並沒有引起國內和國外客戶多少興趣。為了擴大出口規模，蘇霍伊設計局研製出了多用途的蘇—30MK——增強了飛機性能，提供了更好的武器選擇。圖中是位於茹科夫斯基地原型機。

蘇—35 不但在外觀上進行了改良，在雷達這部分上面，蘇—35 採用了俄羅斯的獨門技術，性能特得到大大提高。機首的雷達採用了相控陣雷達（PhasedArrayRadar，PESA）N035 Irbis—E 雪豹雷達。Irbis—E 雷達由第克霍米洛夫研究所研製，是蘇—30MKI、蘇—30MKM 和蘇—30MKA 等戰鬥機上安裝的 N011MBars 雷達的一種衍生型。採用 X 波段，波束寬 8—12GHz，持有 1772 個振動單元。

探測範圍達到了俯仰角為 +/-60 度，方位角為 +/-120 度。方位角的探測範圍本身是 +/-60 度，依賴於 EGSP—27 的油壓是機首擺動裝置，方位角再擴展 60 度，因此達到 +/-120 度的範圍。看整體的火控系統，採用了新的電波發信裝置，採用一對峰值功率達 10 千瓦的「Chelnok」行波管，這使得 N035 相控陣雷達的峰值功率可達 20 千瓦，平均功率 5 千瓦，連續波照射功率 2 千瓦。對雷達反射面積為 3 平方米目標的迎頭上視探測距離可達 350 ~ 400 千米，對雷達反射面積為 0.01 平方米迎頭目標的探測距離也可達 90 千米。

蘇—35比起蘇—27、蘇—30、蘇—33都有更大機翼和引擎。更大的機鼻，更多碳纖維複合材料和鋁鋰合金機身，更大機身，更大方形尾翼。新的鼻錐中有被動式電子掃瞄陣列雷達和其他最高科技的航電系統升級，包含數位線傳飛控和可以往後方發射導彈的半主動雷達導引導彈。

901

901

蘇—35 採用了蘇—35 數字式計算機進行管理，提高了同時交戰的能力。可以在邊掃瞄邊跟蹤的模式下，具有同時截獲和跟蹤 30 個空中目標，同時用 8 枚主動雷達制導導彈攻擊 8 個目標的能力。使用半主動雷達制導的導彈的話，可以分別攻擊兩個不同的目標。地面目標的追擊能力達到了同時同時截獲和跟蹤 4 個，同時交戰 2 個的能力，是 Bars 雷達的 1 倍。

709

據稱，將來還會在主翼前緣的襟翼部分加裝 L 波段的計劃。這樣，多個雷達的同時啟用可實現三角探測的能力。據稱 F—22 等隱形飛機只考慮了對 L 波段的隱形功能。因此與 X 波段的 N035 相控陣雷達相互結合使用的話，對隱形戰機的探測功能也會大幅度提高。

711

蘇—27PU是要作為一種需要長期服役的機型設計的，它需要替代圖—128保衛俄羅斯與世隔絕而又寒冷刺骨的北方。這就需要飛機有很好的航程和續航能力，但是還要能夠應對現代化目標的威脅，包括低空飛行的轟炸機，甚至是巡航導彈。蘇—27的航程已經相當可觀了，但是具備空中加油能力後，它就能夠執行航程更遠的任務了——因此能夠將飛行員的能力提升至極限。因此，蘇霍伊設計局決定以蘇—27UB為基礎，研製一種專門的遠程戰鬥機——加裝各種作戰設備和可收縮式空中受油管。此外，後座的機組成員可以在轉場和空中戰鬥巡邏（CAP）時起到輔助飛行員作用——當前座的飛行員全神貫注地駕駛飛機進行機動時，後座的機組成員等於是多加的一雙眼睛，並能夠管理武器系統。這種新型飛機還安裝了新式導航設備和航電設備。

採用了全新的「玻璃」座艙，駕駛艙內專備了2台大型的液晶顯示屏MAK¬35（22.5x30.0厘米），可以與頭載式顯示器（Head MountedDisplay，HMD）兼用。另一方面，平視顯示器（HUD）也換用了IKSh¬1M廣角平視顯示器。HOTAS概念也融合到座艙設計之中。為了控制火控電子設備、飛機各系統和武器，蘇—35戰鬥機座艙內的操縱桿和油門桿上分別安裝有一些按鈕和開關，以及在多功能顯示器周圍佈置有按鈕。

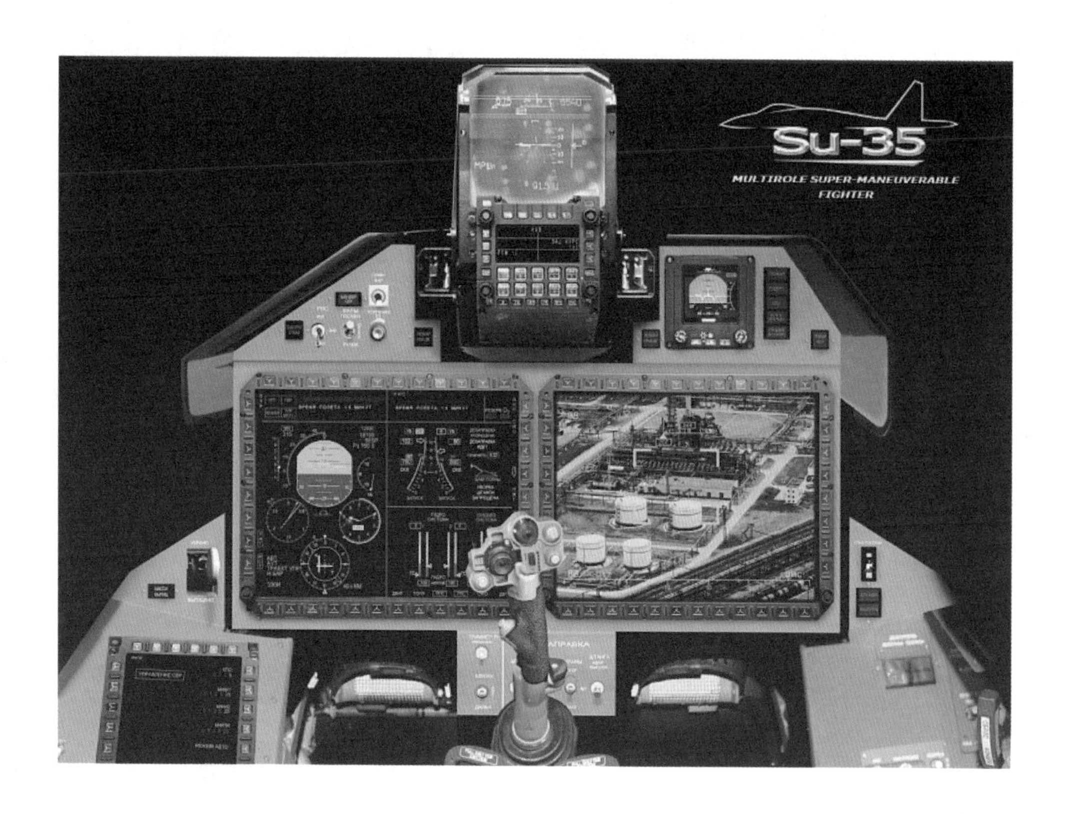
Su-35
MULTIROLE SUPER-MANEUVERABLE
FIGHTER

710
710

蘇—35 座艙右前方的 OLS—35 光學瞄準系統是一個最新系統，具有三種功能，可以作為紅外傳感器、激光測距 / 瞄準指示器和電視瞄準。通過採用最新的電子部件、算法和軟件，OLS—35 系統在距離、精度和可靠性等方面大大優於蘇—30MK 系列戰鬥機上的 OLS—27 和 OLS—30 光學瞄準系統。追尾狀態下可以達到 70km 的距離。OLS—35 中還裝載了雷達測距儀，可以對地面目標 30km，空中目標 20km 進行雷達測距以及雷達制導武器的瞄準。

901

為了能夠更有效地攻擊小型機動目標，蘇—35 還可以掛裝「游隼」(Sapsan—E) 光電瞄準吊艙，從而更加方便地使用激光制導炸彈等攻擊武器。「游隼」吊艙直徑 39 厘米，長 3 米，重約 250 千克，內部裝有紅外攝像機、激光測距儀、電視和目標跟蹤部件等設備。它可以為戰鬥機提供對地面和海上目標的 SOU 梭、跟蹤與鎖定，甚至在高機動狀態下，仍然能夠保證將目標鎖定在視場內。

901

二維向量推力系統也是首次於蘇—35 上測試，其基於蘇—37 專案的研發成果。新的 2D 向量推力引擎稱為 117S，是為了替換現有 AL—35 或 AL31—F 引擎而研發。

蘇—35 戰鬥機已經確定安裝一種最新型機載主動飛行安全系統。這個系統可以在飛行條件下，實時監控機組人員的工作狀態，當駕駛出現錯誤時，可以自動地將飛機轉入安全飛行狀態。這種系統適用於應對機動飛行和空戰中可能出現的各種意外情況，飛行員在恢復工作能力後，可以重新操縱飛機。主翼的翼端通常是掛在 R—73 導彈的，可以選擇搭載 L175MECM 電子干擾吊艙，效果範圍達到俯角，方位角各＋ /— 45 度，輸出 4kw 周波對雷達進行干擾。還裝載了數字周波數記錄裝置 (DRFM)，用於解析對方雷達，從而發射與對方相同周波數的電波，來欺瞞自己的所在位置。

第一架蘇—27PU 原型機於 1988 年秋天完成了首飛。儘管該型機（蘇霍伊設計局將其稱作蘇—30，出口型稱作蘇—30K）獲得了訂單，並在伊爾庫茨克投產，但是僅僅交付了幾架，計劃便因為經費不足而停止。但是蘇霍伊設計局繼續對該型機進行改進，使其具備有限的空對地攻擊能力，即蘇—30M，出口型則被稱作蘇—30MK。第一個國外客戶是印度，共訂購了 40 架，採用分批交付的方式，以便在此期間逐步提升各批次的性能。按照這一計劃，交付工作正常進行的同時，第一批交付的早期型飛機會被運回工廠，並改裝到最新標準。第一批交付的 8 架飛機是蘇—30K 型，後來交付的批次則將安裝改進型多功能的航電設備、前置鴨翼和矢量推力發動機。但不幸的是，交付工作並沒能按照計劃時間表順利進行，最終交付的飛機只能算是基本型的蘇—27UB 教練機，除了加裝了空中受油管之外。甚至有報告指出，1997 年 3 月交付的第一批次 8 架飛機甚至不是新的，而是匆匆忙忙翻新的二手教練機。直到 2000 年底，印度仍在苦苦等待自己那具備多用途性能、續航能力強的型號，更別提安裝前置鴨翼和矢量推力發動機的飛機了。

蘇—30MKK 則是另一個國外客戶的訂單——中國，這種飛機沒有矢量推力發動機和鴨翼，但是安裝了先進的「玻璃化」座艙，增強了空對空攻擊能力。中國訂購了 60 架，交付工作也已經完成。完成 80 架本土化標準型蘇—27（被稱作殲—11）的生產後，瀋陽飛機製造廠就開始了蘇—30MKK 的生產。與此同時，越南也訂購了該型機的類似型號，即所謂的蘇—30K。

由於之前生產過雙座型教練機，位於伊爾庫茨克的飛機工廠主要負責印度的蘇—30 計劃，而共青城的飛機

第一架蘇—30MKI 原型機安裝了鴨翼和可偏轉 15°的矢量推力噴嘴。在該型機上，噴嘴向外傾斜了 32°，以提高低空飛行時的機動能力。

工廠負責出口中國的蘇—30MKK 的生產。相反，新西伯利亞的飛機工廠卻沒得到多少訂單，只能依靠蘇—27IB 計劃及其衍生型號勉強度日，而該型號還沒有得到批量生產的訂單。

「側衛」安裝的液壓減速板的尺寸和位置類似於 F—15「鷹」。採用了這種減速板後，蘇霍伊飛機的進場速度在 143 至 149 英里 / 小時（230 至 240 千米 / 小時），著陸滑跑距離在 2000 至 3000 英尺（600 至 900 米）之間。

1999 年巴黎航展的前一天，蘇—30MKI 在飛行表演時尾部碰到了地面。儘管一台發動機已經著火，飛行員將動力加至最大，並利用矢量推力將破損的發動機拉至接近垂直的位置——為自己和導航員贏得了足夠的高度，在 300 英尺（100 米)以下的高度成功彈射逃生。下圖是第二架蘇—30MKK 原型機（飛機編號 502），它曾與飛機編號 501 的原型機一起在格魯莫夫試飛研究院進行試飛。

503

502

俄羅斯空軍的蘇—30，從根本上說這是一種特殊的任務化蘇—27B，安裝了通信設備，可以扮演截擊機領隊的角色。但是這一稱號也被多種出口型號使用。圖中是蘇—30KI，這是一種單座改進型蘇—27，最初用於出口印度尼西亞。

蘇霍伊蘇—30MKK

1 主空速管
2 空速管線
3 雷達絕緣整流罩
4 N001VE 雷達天線
5 機頭設備艙
6 天線
7 攻角傳感器
8 空中受油管
9 空中受油管延伸系統
10 加油錐套照明燈
11 紅外搜索與跟蹤傳感器
12 座艙風擋
13 ILS—31 抬頭顯示器
14 前座艙儀表盤
15 K—36DM 彈射座椅
16 後座抬頭顯示器
17 後座艙儀表盤
18 向上開啟的座艙結構
19 後視鏡
20 後備空速管
21 設備艙
22 無線電羅盤不定向天線
23 GSh—301 30 毫米機炮
24 機炮彈鏈
25 退殼器
26 鼻輪支桿
27 雙輪鼻輪
28 鼻輪擋泥板
29 安裝在支桿上的著陸燈
30 前起落架艙門

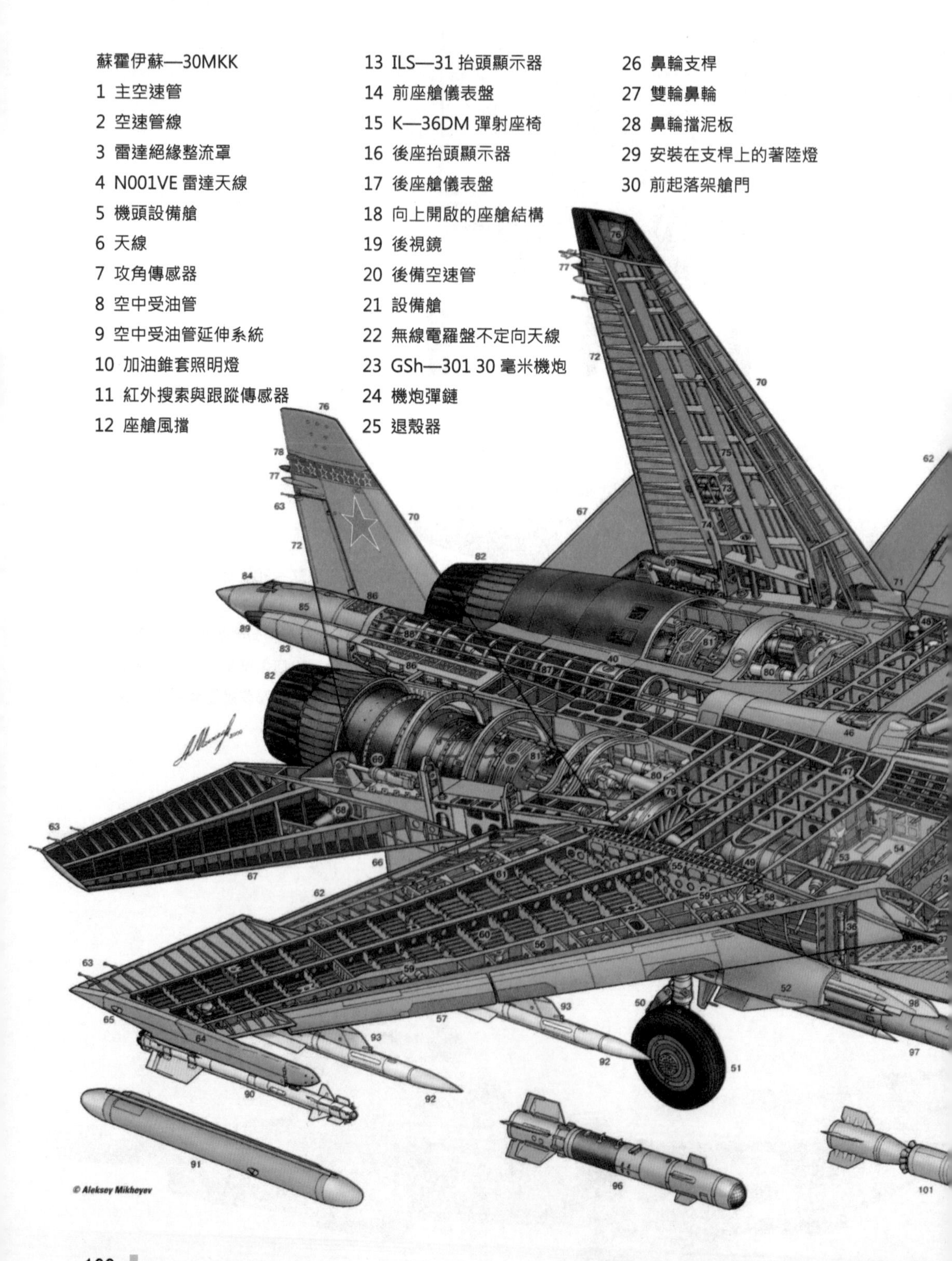

31 發動機進氣口
32 進氣道溢流口
33 附面層吸除縫
34 輔助進氣口
35 進氣口防異物格柵
36 進氣口格柵動作筒和制動器
37 進氣口活動式斜板
38 進氣口斜板動作筒
39 一號油箱
40 油箱加油口蓋
41 無線電天線
42 減速板
43 減速板液壓動作筒
44 電線線路
45 控制連桿
46 無線電羅盤
47 二號油箱
48 燃油系統部件
49 發動機進氣道
50 主起落架
51 KT—156D 主輪
52 主起落架艙門

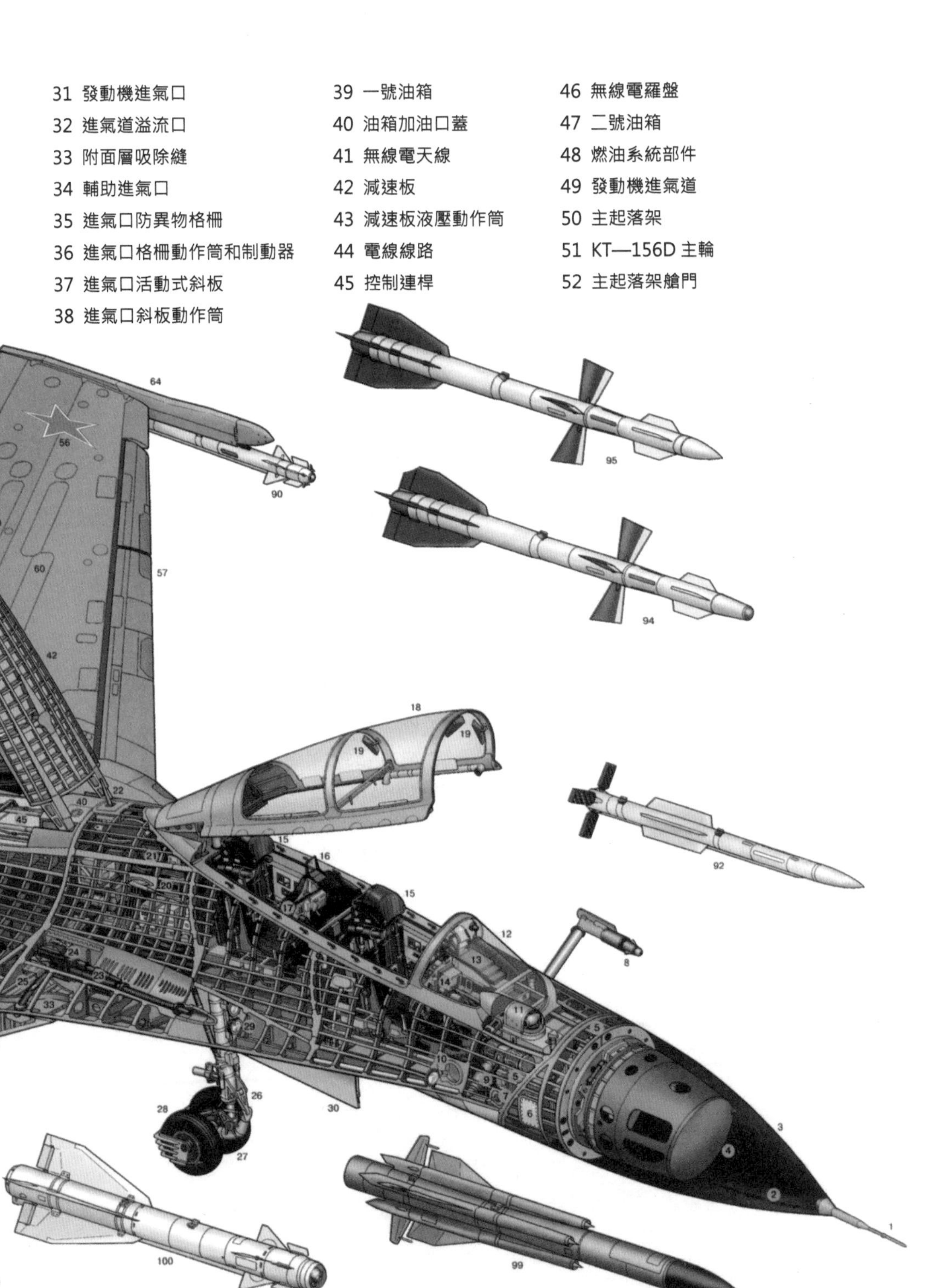

53 主起落架艙門動作筒
54 主起落架輪井
55 機翼與機身接合處
56 機翼翼面結構
57 兩段式前緣縫翼
58 前緣縫翼液壓控制設備
59 前緣縫翼液壓控制動作筒
60 機翼油箱
61 襟翼液壓動作筒
62 襟翼
63 靜電放電刷
64 翼尖導彈發射導軌
65 航行燈（綠色，右側）
66 腹鰭
67 水平尾翼
68 水平尾翼樞軸
69 水平尾翼液壓動作筒
70 垂尾
71 熱交換器進氣口
72 方向舵
73 方向舵液壓動作筒
74 方向舵液壓控制箱
75 機翼抗扭箱結構
76 UHF/VHF 無線電天線
77 電子設備天線
78 後部航行燈
79 留裡卡— 土星公司的 AL—31F 發動機
80 飛機輔助變速箱
81 油箱
82 可變發動機尾噴口
83 尾撐
84 減速傘艙鉸接蓋
85 減速傘艙
86 箔條 / 曳光彈發射器
87 4 號油箱
88 燃油系統部件
89 雷達告警接收器天線
90 R—73 短程空對空導彈
91 機翼下掛載的「火網」（Sorbtsiya）主動 ECM 吊艙
92 R—77 中程空對空導彈
93 AKU—170 發射掛架
94 R—27ET 中程空對空導彈
95 E—27ER 中程空對空導彈
96 KAB—500Kr 精確制導炸彈
97 Kh—31P 反輻射導彈
98 AKU—58 發射掛架
99 Kh—31A 反艦導彈
100 Kh—29T 空對地導彈
101 BetAB—500 炸彈

第4章

蘇—27K/ 蘇—33

由於雅克—38「鐵匠」在執行奪取制空權任務方面的能力不足，這嚴重限制了蘇聯海軍1143計劃的反潛戰（ASW）巡洋艦（這四艘艦分別是「基輔」號、「明斯克」號、「諾沃羅西斯克」號和「巴庫」號）的作戰效能。因此蘇聯海軍決定研製一種尺寸更大、動力更強勁的航空母艦，能夠搭載短距起降（STOL）飛機，而不是只能搭載短距起飛和垂直降落（STOVL）飛機和直升機。這一產物便是1160航母計劃，要求搭載一個聯隊的米格—23，以奪取制空權，還要搭載蘇—24攻擊機群。但是蘇霍伊設計局認為蘇—24過重，難於在航母上起降，因此於1973年成功說服蘇聯海軍以當時還處於研製中的T10為基礎，研製其海軍型。隨後提出的1153航母計劃，其設計目標就是能夠搭載由米格—23、蘇—25、甚至尺寸更大的蘇—27K構成的空中聯隊。但是該計劃沒能得到經費支持。相反，蘇聯海軍開始考慮建造第5艘1143型載機巡洋艦，增大排水量和進行相應的改進，以保證新型雅克—141和米格—29K能夠上艦，甚至包括蘇霍伊的蘇—27K——儘管飛機的尺寸依然

是個問題。

在過去幾十年中，俄國戰鬥機研發計劃的一個顯著特點是兩大設計局的激烈競爭：蘇霍伊和米格。當蘇聯海軍提出新型艦載戰鬥機計劃時，情況依舊如此。因此有必要勾勒一下「側衛」海軍型的研發過程及其與競爭對手的比較。

這一過程開始於 1978 年蘇—27K 和米格—29K 艦載機計劃概念設計的提出，這兩種飛機有一個共同特點——在外形、發動機、航電設備和武器方面，它們與其對應的陸基型號有很高程度的通用性。但是，艦載型與陸基型也存在著很大的區別。

在建造完兩架蘇—27K 原型機後，蘇霍伊設計局開始了 7 架蘇—27K/ 蘇—33 的批量化生產。圖中可以看見首架飛機正在航母甲板上滑行——這艘航母 1990 年 10 月被重新命名為「庫茲涅佐夫海軍元帥」號。這一批次的飛機由廠方和軍方共同使用，後來又生產了 24 架完全生產型飛機。除了在薩基進行測試之外，蘇—27K/ 蘇—33 偶爾還在航空母艦上進行測試。

01
20

米格—29M 是 90 年代最新設計，又稱米格—33。米格—29M 的總體尺寸與 A 型一樣，但廣泛採用了複合材料。

艦載型具有可折疊機翼、強化的起落架、著陸鉤和改進過的導航設備，機身、發動機和各種設備也採取了抗腐蝕保護措施。在正常起飛重量和最大起飛重量方面，蘇—27K是米格—29K的1.5倍，內油容量是其兩倍，而作戰半徑是其1.5倍。而米格設計局則聲稱，米格—29K只需攜帶副油箱（機腹下一個，兩個機翼下各一個）便能達到相同的作戰半徑和航時，但是這顯然會降低其攜帶導彈的能力。在火力方面，蘇—27K也遠遠超過了米格—29K。除了30毫米150發機炮和兩枚K—73「格鬥」空對空導彈是相同的武器配置之外，蘇—27K可攜帶6枚K—27中程空對空導彈，而米格—29K只能攜帶4枚——如果攜帶副油箱的話，攜帶數量還要減少兩枚。另外一點與米

一架現役的蘇—33（下方）與一架蘇—27KUB並肩飛行。蘇—27KUB是雙座海軍型「側衛」(蘇—33UB）的原型機。在這一型號上，蘇霍伊設計局的目標是擴展蘇—27家族的作戰能力——可以扮演機載早期預警（AEW）等角色。

格—29K不同的是，蘇—27K還可以發射所謂的「掃除障礙」型中距導彈——增程型K—27E。但是，蘇—27K的優點也是有代價的——較大的尺寸和較高的成本，這就限制了空中聯隊所能裝備的戰鬥機的數量。

為了研製艦載機彈射和回收所需的輔助系統（如彈射器、攔阻系統、光學和無線電著陸系統等），以及訓練未來的海軍飛行員，蘇聯決定在克里米亞建立一個研究與訓練中心，距離薩基不遠。這個中心就是所謂的「尼特卡」，該名稱是航空兵科學研究模擬訓練中心（NITKA）的縮寫。

1981年，蘇聯總參謀部命令降低已處於研製當中的1143.5航母計劃的排水量，並取消了彈射發射系統的研製工作。要求研究人員需找其他從航母上起飛飛機的方法。在格魯莫夫試飛研究院和中央空氣流體力學研究院（TsAGI）專家們的幫助下，蘇霍伊和米高揚設計局提出了大推重比戰鬥機採用斜坡輔助起飛的方法。在起飛時，飛機要利用航母艦艏的「跳板狀」斜坡，此前研究這種方法是為了輔助攜帶全部作戰載荷的雅克—41（後改名為雅克—141）垂直起降／短距起降（VTOL/STOL）戰鬥機起飛。同年夏天，尼特卡訓練中心被授權進行蘇—27和米格—29的相關測試。為此，訓練中心專門配置了模擬起飛斜坡。在薩基的斜坡測試開始於1982年夏天，參與測試的機型包括第三架蘇—27原型機（T10—3）和第七架米格—29原型機（編號918）。在T—1斜坡上的第一次起飛是由米格—29於8月21日完成的，飛機由該設計局的試飛員阿維亞德·法斯特福維斯特駕駛。一周之後，尼古拉·薩多夫尼科夫也成功駕駛T10—3從斜坡上起飛。初步測試表明，有必

艦載型「側衛」的研製工作在該戰鬥機計劃的早期階段就開始了，第三架原型機，T10—3參加了在薩基進行的早期測試。1982年8月28日，它完成了首次斜坡起飛。而在此前一周，米格—29也完成了同樣的測試。T10—3向外側傾斜的垂尾。

要對斜坡的外形進行實質性改動，柱面形表面讓位於球形曲線。在改進斜坡的同時，所謂的T—2也投入了建造，而制動裝置輔助著陸系統也在測試間歇時抓緊測試。儘管T—1斜坡的形狀仍不完善，但1982年至1983年間在尼特卡訓練中心的測試仍確立了不可動搖的「無輔助」原則。1984 年4月18日， 蘇聯共產黨（CP蘇）中央委員會和蘇維埃社會主義共和國聯盟（USSR）部長會議最終決定，由蘇霍伊設計局研製蘇—27的艦載防空(AD)

型號，命名為蘇—27K。米格設計局則被指示研製一種輕型多功能艦載戰鬥機（即米格—29K），能夠執行對海上和岸上目標的攻擊任務。為了配合艦載型蘇—27K 的研發，蘇霍伊設計局在尼特卡訓練中心進行了後續測試，設計局還為測試準備了一架試驗用原型機，被稱作 T10—25——這是一架首批生產型蘇—27。至 1984 年夏天，新型 T—2 斜坡完成測試準備，9 月 25 日，尼古拉·薩多夫尼科夫駕駛這架飛機完成首次斜坡起飛。1984 年 10 月 1 日，瓦列裡·梅尼茨基駕駛 918 號米格—29 從 T—2 斜坡上起飛。

尼特卡訓練中心不僅是進行斜坡起飛和攔阻降落測試，還要進行航母艦載設備的測試。這其中包括「月神」—3（Luna—3）光學著陸系統（採用各種顏色的燈光提示飛行員下滑航跡的偏差），歸航雷達信標，以及短程導航和著陸雷達系統。1986 年夏天，另外一架蘇—27，即實驗型 T10—24——此時已安裝了鴨翼，投入了尼特卡訓練中心的測試，一年後，另一架原型機，T10U—2 也參與進來。它是首批批量生產型蘇—27UB 雙座型中的一架，安裝了空中受油管和著陸鉤。

一架發展型蘇—27K（T10K—7）在展示可折疊的機翼和平尾設計，以及可攜帶大量空對空導彈的能力，包括各種型號的 R—27 和 R—73。

僅就機載系統而言，米格—29K 超越了蘇—33。該型機座艙以米格—29M（米格設計局給它的設計代號為 9—15）的座艙為基礎，安裝了兩個大尺寸單色 CRT 顯示器，採用 HOTAS（手控節流閥控制系統）控制，而非周圍的按鈕。如果米格—29M 或者米格—29K 能夠較早出現的話，那麼它將是俄國第一種具備西方「玻璃化」座艙的作戰飛機——儘管以今天的標準來看，它所採用的技術已經落伍了。米格—29K 的另一個關鍵要素是 RVV—AE/R—77 導彈——俄國版的 AIM—120。與 AMRAAM 一樣，R—77 也是一種主動雷達制導武器，在近距離交戰時可以採用發射後不管模式。這種武器也是蘇霍伊的蘇—33M 升級方案的重要組成部分。圖中這架編號 312 的飛機，就是第二架米格—29K（米格設計局給它的設計代號為 9—31）原型機，主要用於航電和系統測試。

除了蘇霍伊設計局、米格設計局和格魯莫夫試飛研究院的試飛員之外，蘇聯空軍的飛行員也加入試飛計劃，如來自阿赫圖賓斯克空軍研究院的尤里·肖姆金上校和弗拉基米爾·孔道羅夫上校，並準備進行艦載機的國家試驗。不久之後，帖木兒·阿帕基得澤上校和尼古拉·雅克福列夫上校，以及其他來自北方艦隊的飛行員，在尼特卡訓練中心完成相應的訓練後，經官方許可，他們獨立完成了甲板降落。

1984 年官方決定做出之後，兩家設計局開始了各自海軍型戰鬥機的初步設計和細節設計。蘇—27K（T—

10K）源自生產型蘇—27戰鬥機（T—10S），航電設備和武器配置保持不變，採用雙開縫襟翼、外側下垂副翼，以及一個簡單卻有效的航母著陸系統。這種飛機的主要任務是為航母戰鬥群提供防空能力，能夠全天候作戰，作戰高度從海平面至88000英尺（大約27000米）的高空，能夠對付敵人執行ASW任務的旋翼機和固定翼飛機、運輸直升機和AEW飛機——超視距作戰時使用K—27E空對空導彈，近距離格鬥時使用K—73和30毫米機炮。按照最初設想，第二階段將研製多用途型蘇—27K，屆時採用為蘇—27M多用途戰術戰鬥機研製的航電設備和武器配置。

為了能夠在航空母艦上部署，需要對陸基型飛機進行大規模的海軍化改造。起落架需要加強，機身也需要加固，以便在下降率和過載較大時，能夠有驚無險地降落。此外，還要增加著陸鉤，改善起飛和降落時的升力特性和操縱品質，增升裝置的效率也要提高。蘇霍伊和米格都將各自飛機的機翼面積增加了大約10%，蘇—27還增加了全動前置鴨翼，兩種飛機也都採用了全軸線傳飛控系統。達到最大起飛重量（MTOW）時，蘇—27K將無法從斜坡上正常起飛。蘇—27K還安裝了可收縮式空中受油管。雷達也經過了改進，增加了「下視」模式，不受海面雜波的干擾，飛機還安裝了數據鏈，航母可以扮演地面指揮截擊（GCI）站的角色。總體而言，蘇—27K基本上被視為空優戰鬥機，而米格—29K則是艦載攻擊機。

為了增加起飛時的推重比，兩型飛機所安裝的發動機都具有「緊急推力模式」，以實現加力推力的短暫提升。這兩型飛機還安裝了空中受油管，以增加作戰半徑，延長留空時間。此外，為了增加航母甲板上和機庫中可搭載飛機的數量，兩型飛機都採用了折疊機翼，這幾乎將蘇—27K的機身寬度降低了一半，而米格—29K也降低了35%。由於升降機的尺寸只有26英尺（8米），為了使蘇—27K能夠使用甲板邊緣的升降機，蘇—27K的安定面也需折疊。此外，兩型飛機的飛行和導航系統都增加了專門的短程無線電導航輔助設備。此外還採取了專門的措施以保護戰鬥機不受海水腐蝕，例如，對各個部件加以密封。總體來說，這些措施使得這兩型飛機比各自陸基型號的重量高出10%至12%，飛行性能也因此受到影響。由於蘇—27K的內油容量是米格—29K的2.1倍，高空飛行時，蘇—27K的航程超出米格—29K達80%以上，而海平面飛行時則高出33%。兩型飛機的正常起飛重量相差近40%，而蘇—27K的最大起飛重量是米格—29K的1.5倍。據駕駛過兩種飛機的飛行員說，在正常起飛重量時，蘇—27K的翼載比米格—29K低10%至15%，因此進場速度和離地升空速度也要低。蘇—27在進場速度149英里／小時（240千米／小時）時操縱靈敏，而米格—29K的可操控性必須保證飛行速度在155英里／小時（250千米／小時）以上——當飛機在航母上降落時，這一區別是很明顯的。

兩型飛機同樣安裝150發的GSh—301機炮，攜帶的R—73導彈數量也相同，而蘇—27K可以攜帶多達8枚的R—27E中程武器（6枚R—27ER半主動雷達尋的導彈和兩枚R—27ET熱尋的空對空導彈），這種導彈的射程在40至50英里（65至80千米）之間。而米格—29K的武器裝備只有兩枚R—27ER/ET空對空導彈和兩枚射程僅有31英里（50

千米）的基本型 R—27R/T 導彈。相比之下，不攜帶 R—27 時，米格—29K 可以攜帶先進的射程達 37 英里（60 千米）的 RVV—AE 主動雷達尋的導彈。RVV—AE 的標準攜帶數量是 4 枚，不過它還可以安裝在翼尖的 R—73 外掛點上。交戰時，採用這種武器配置的米格—29 的生存概率要高於攜帶 8 枚 R—27E 的蘇—27。在空對面攻擊能力方面，蘇—27K 可攜帶 1102 磅（500 千克）和 551 磅（250 千克）的自由落體炸彈，以及無控火箭彈——這跟米格—29K 是沒法比的。除了非精確制導武器之外，米格—29K 還可攜帶各種空對面精確制導武器，如 Kh—31A 反艦導彈，Kh—29T 電視制導空對地導彈（AGM），Kh—31P 和 Kh—25MP 反輻射導彈，以及 KAB—500Kr 精確制導炸彈。

儘管從純粹空優性能方面來看，蘇—27K 是贏家；不過米格—29K 卻具有很多的先進特點，從系統的角度來看，它更為出色。但是，米格—29K 的創新性技術尚處於早期階段，需要很多時間和經費才能使其達到可以正式服役的成熟程度。隨著蘇聯的解體，米格設計局失去了可以等待的時間。1986 年初，在尼古拉耶夫船廠內的 1143.5 重型載機巡洋艦計劃已經接近完工。兩家設計局的第一架蘇—27K 和米格—29K 也進入最後階段。

蘇霍伊設計局第一個展示自己的飛機。1987 年 8 月 17 日， 試飛員維克多·普加喬夫駕駛第一架蘇—27K 原型機（T10K—1）成功首飛。12 月，第二架原型機（T10K—2）升空。完成工廠測試後，飛機交由克里米亞的尼特

這是 1999 年夏天在普希金大修廠的蘇—33，這架飛機來自第 279 艦載戰鬥機航空團（KIAP）第 2 中隊。第 279 KIAP 的基地位於摩爾曼斯克附近的馬利亞夫爾（塞維爾摩爾斯克—3）機場，訓練則是在克里米亞薩基的模擬甲板上進行，而為地中海巡航做準備的檢查工作則是在莫斯科附近的庫賓卡進行。

蘇—33「側衛—D」對制動的要求很高，因此需要強有力的攔阻系統。而米格—29 由於自身重量較低，因此對攔阻系統重量和結實程度的要求也就相應降低——儘管「支點」的進場速度要比「側衛」快幾節。此外，蘇—27 佔據的甲板空間也要大得多。以重新翻修的「戈爾什科夫」號為例，該艦可搭載 24 架米格—29K，卻只能搭載 12 架蘇—33。

109

卡訓練中心進行相應測試。1988 年 6 月 23 日，試飛員托克塔·奧巴基洛夫駕駛第一架米格—29K 原型機（編號 311）完成首飛．，第二年這架飛機也被轉交至克里米亞。在那裡，兩家設計局的試飛員進行了許多次斜坡起飛和攔阻降落。1989 年 10 月 21 日，「第比利斯」號航空母艦離開船廠的舾裝碼頭，駛往位於塞瓦斯托波爾附近的海軍測試區域。

在「第比利斯」號航空母艦上空的準備和適應性飛行僅進行了一個多周。讓人期待已久的第一次在真正的航母甲板上的降落進行於 1989 年 11 月 1 日，維克多·普加喬夫駕駛第二架蘇—27K 原型機（第一架已經墜毀）完成降落，隨後托克塔·奧巴基洛夫駕駛米格—29K 原型機（編號 311）完成了同樣的降落，這是俄國人第一次在軍艦的甲板上完成常規噴氣式戰鬥機的降落。同一天，奧巴基洛夫還完成了第一次在航空母艦上的起飛。研發測試完成於 11 月 22 日，那天航空母艦返回基地進行最後的舾裝和設備安裝。在為期 3 個周的測試中，共完成了 227 個架次的起飛和 35 次甲板降落，其中 20 次由普加喬夫、尤里·肖姆金和葉夫根尼·弗羅洛夫駕駛蘇—27K 完成，13 次由奧巴基洛夫、弗拉基米爾·孔道羅夫和阿納托利·克沃丘爾駕駛米格—29K 完成。

這艘航空母艦在鋪設龍骨時被稱作「裡加」號，1985 年 12 月下水時被稱作「列昂尼德·勃列日涅夫」號，完工時改稱「第比利斯」號——1990 年

12 月 25 日，正式服役前又被稱作「庫茲涅佐夫海軍元帥」號。一年之後，該艦駛往塞維爾摩爾斯克。此時，共青城飛機生產聯合體（KnAAPO）已經生產出了第一批生產型蘇—27SK 戰鬥機（11 月 1 日完成歷史性的甲板降落

「庫茲涅佐夫」號航空母艦上部署的蘇—33。

72

72

87

「庫茲涅佐夫」號上的蘇—33

後不久，正式命名為蘇—33）。1990年至1991年間，共生產出了7架生產型蘇—33（工廠編號從T10K—3至T10K—9）用於廠方和軍方測試。1990年9月，第二架米格—29K原型機（編號312）加入測試，而莫斯科飛機聯合製造體（MAPO）——即現在的俄羅斯米格飛機公司沃羅寧製造中心——也生產出了第一架生產型米格—29K。

1991年3月，蘇—33（蘇—27K）正式開始在克里米亞的空軍研究院附屬的機場進行試飛，隨後米格—29K也加入試飛，後來又飛往「庫茲涅佐夫海軍元帥」號上進行試飛。蘇霍伊設計局有7架飛機可用（T10K—1和T10K—8此時已經墜毀），試飛計劃順利進行；而米高揚設計局則落後了，因為它只有兩架米格—29K可以進行試飛，而先進的航電設備、新型發動機和其他技術創新又面臨著很多問題。

經過政治上的劇烈震盪，蘇聯最終解體，軍事預算也沒了著落，最終導致航空母艦的建設受到影響。1992年初，尼古拉耶夫船廠（現在屬於烏克蘭所有）的「瓦良格」號航空母艦的舾裝工作已完成了70%，但是也被迫終止。同年2月，核動力的「烏裡揚諾夫斯克」號——1988年11月開始建造，此時已完工近20%——被切割開來，變賣廢鐵。建造新航空母艦的前景黯淡，再繼續研究艦載戰鬥機似乎也沒什麼必要了。蘇—33的生產工作也就適可而止———種生產了24架——俄國人認為這個數量對「庫茲涅佐夫」號的艦載機群來說已經足夠了，因此，8月份米格—29K的正式試飛也就終止了。兩架原型機也被封存——311號機飛行320個架次，312號機升空106次。由於蘇—27M的繼續研製是以犧牲米格—29M為代價的，很多人認為這是取消了性能不高的型號。但是就米格—29K而已，它的多用途功能強於蘇—27K，而且它的尺寸較小，可以利用航母有限的甲板和機庫空間搭載更多的飛機。

蘇—33的官方測試又持續了3年，於1994年12月結束，並建議軍方裝備這種飛機。它開始裝備第279艦載戰鬥機航空團，於3年後，即1998年8月31日開始正式服役。而在3年前，即1995年12月，「庫茲涅佐夫」號航空母艦就駛向地中海，進行遠洋航行。在為期三個月的航行中，該艦航行超過10000英里（16000千米），橫越兩大洋，以及巴倫支海、挪威海、地中海、愛奧尼亞海和亞得裡亞海。隨艦搭載13架蘇—33戰鬥機，以及兩架蘇—25UTG教練機和9架卡—27直升機。在此次航行中，共計進行了400架次以上的固定翼飛機的起降。

此時，由於雅克—38開始退役，「基輔」號、「明斯克」號和「諾沃羅西斯克」號就無用武之地了——因此它們也於1993年退役。而1123直升機母艦計劃的「莫斯科」號和「列寧格勒」號也於90年代末期以廢鐵的價格出售。這些航母有的被賣到印度，有的被賣到中國，有的被賣到韓國。「明斯克」號僥倖完整保存，它一家中國公司改造成海上博物館，停泊在深圳市附近。未完工的「瓦良格」號命運本應與之類似，它似乎應該在澳門改造成娛樂中心，但目前它似乎有機會正式服役，只是東家換了。

90年代中期，俄羅斯海軍序列中只有兩艘航空母艦，而這其中只有「庫茲涅佐夫」號還有點戰鬥力——艦上搭載的航空群由蘇—33戰鬥機和卡—27直升機組成。另外一艘航母，1143.4計劃「戈爾什科夫上將」號一直在北方艦隊的海軍基地內閒置，直到最後印度注意到它，印度當時正在為其海軍尋求現代化的航空母艦。談判開始於1996年，印度要求將該艦改造為一艘中型多用途航空母艦，安裝斜坡輔助起飛和攔阻著陸系統。涅夫斯卡耶設計局（NPKB）提出了合理的改裝建議。該設計局設計了「戈爾什科夫」號，以及1123計劃和1143計劃的航母。為了將「戈爾什科夫」號改裝為多用途航空母艦，NPKB決定拆除艦載反艦導彈和艦炮——尤其是「玄武岩」反艦導彈系統——並延長飛行甲板。此外，該艦還將安裝與「庫茲涅佐夫」號類似的起飛斜坡，以及3個攔阻制動裝置。

這一全新的設計要求飛行甲板的長度為919英尺（280米），起飛跑道656英尺（200米），降落跑道649英尺（200米）。甲板上的戰鬥機／直升機停機坪面積增加至25834平方英尺（2400平方米），兩台升降機的起重能力分別達到30和20噸（66139和44092磅，或者說30000和20000千克），以便將飛機送至底層426×75×18.7英尺（130×23×5.7米）的艦內機庫。採用這種佈局的話，航母可搭載34架飛機，米格—29級別的戰鬥機可搭載24架，而蘇—33級別的戰鬥機則只能搭載12架，以及若幹架卡—27直升機。該艦的電子設備也要進行升級，安裝光學著陸系統和電視飛機著陸控制系統。要進行現代化升級的電子設備不只是目標獲取、短程導航、末端進場、無線電信標、控制和通信設備，還包括對艦載飛機的作戰指揮和控制設備。

毫無疑問，為了爭奪印度的訂單，蘇霍伊和米格這兩個老對手又展開了激烈競爭。米格設計局的提議是對米格—29K艦載多用途戰鬥機進行升級，該機源自生產型米格—29，並可以借鑒米格—29K（米格設計局給它的設計代號為9—31）的製造經驗，還可以使用為米格—29SMT（設計代號為9—17）研製的先進航電設備和武器。而蘇霍伊設計局則提出了蘇—33MK方案，這是生產型蘇—33的多用途出口型，根據蘇—30MK系列多用途戰鬥機的特點加以改進。

蘇—33的升級計劃是，為飛機安裝改進型火控系統，可以發射新式RVV—AE空對空導彈和空對面精確制導武器。蘇—33的武器系統也要進行改進，包括Kh—31A主動雷達尋的反艦導彈；Kh—31P反輻射導彈；Kh—29T(L)電視制導(激光駕束制導)多用途導彈；Kh—59M電視制導導彈；KAB—1500Kr或6枚KAB—500Kr制導炸彈。此外，蘇霍伊設計局還在考慮讓蘇—33戰鬥機攜帶「白蛉」或「寶石」重型反艦導彈的可能性。改進型蘇—33還將安裝新式導航和通信設備，更強大的ECM系統，以及現代化的座艙數據顯示系統——兩個大型彩色液晶顯示器（LCD）和一個更為精密的抬頭顯示器（HUD）。

蘇—33雙座型的性能將有更大程

Andrey Zhirnov

度的提升。1999年蘇霍伊和KnAAPO生產出了第一架蘇—27KUB並列雙座戰鬥/教練機原型機。除了前段機身是全新設計的之外，飛機的機翼面積也增加了，安裝了所謂的自適應偏轉前緣縫翼，鴨翼，較大的平尾，較大的垂尾和方向舵，以及其他很多可以提升性能的改進措施。同年4月29日，直接跳過了工廠測試階段，因為它的生產線是由KnAAPO佈置的。同年，該型機開始在尼特卡訓練中心和「庫茲涅佐夫」號上進行試飛。

儘管蘇霍伊設計局一直在推銷蘇—33，但是由於它的尺寸較大，航電設備簡陋，缺乏多用途能力，因此不適合在小型航空母艦上搭載。印度最終買下了重新翻新的「戈爾什科夫上將」號航空母艦，並準備購買米格—29K。據專家們稱，蘇—33級別的飛機太大了，不適合部署在小型和中型航母上，例如重新翻新的「戈爾什科夫」號和未來印度自己的航空母艦ADS。現實情況就是，米格—29K戰鬥機更合適。

圖中描繪的是第279艦載戰鬥機航空團（KIAP）第1中隊的蘇—33，正在發射「寶石」第4代反艦導彈。

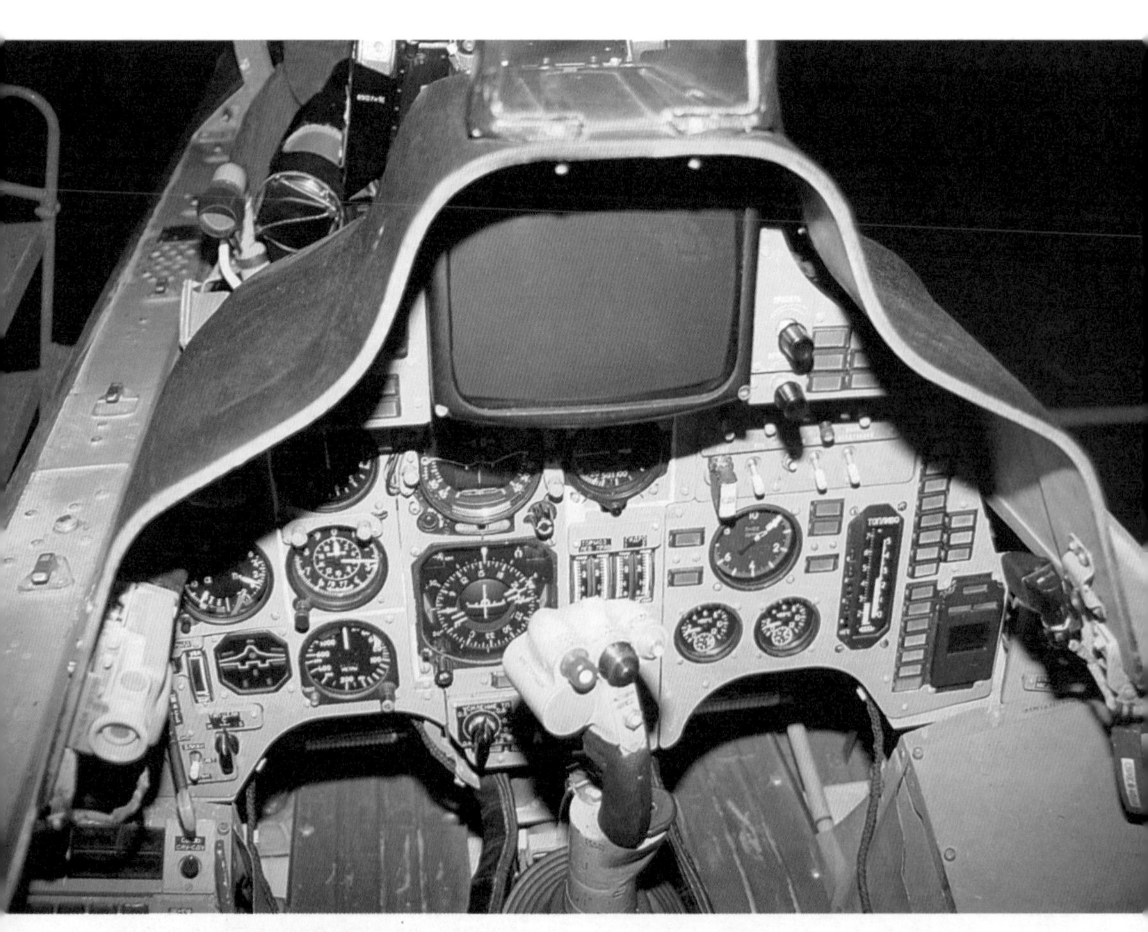

蘇—30 多用途戰鬥機座艙。

第5章

武器裝備

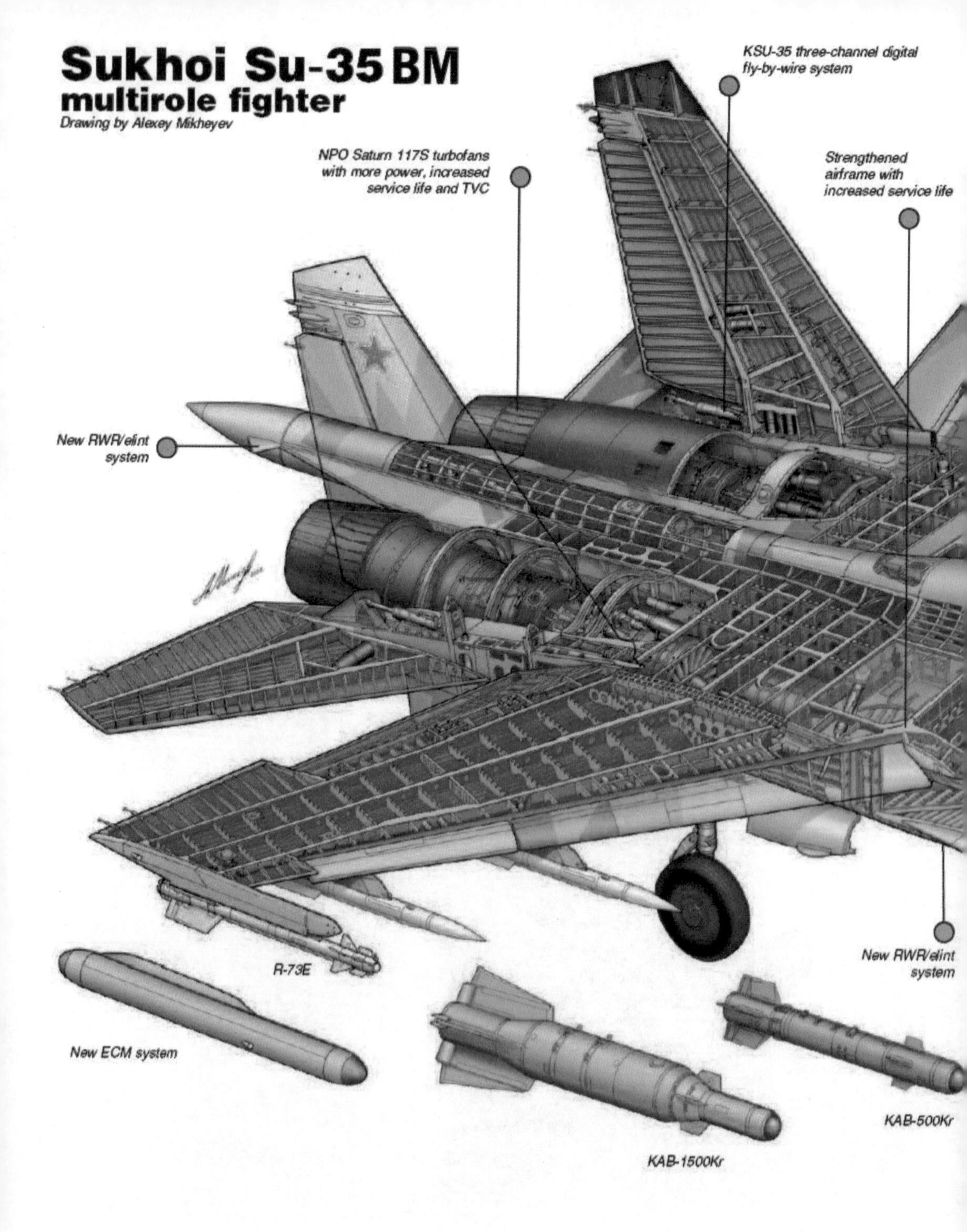
Sukhoi Su-35BM
multirole fighter
Drawing by Alexey Mikheyev
KSU-35 three-channel digital fly-by-wire system
NPO Saturn 117S turbofans with more power, increased service life and TVC
Strengthened airframe with increased service life
New RWR/elint system
R-73E
New RWR/elint system
New ECM system
KAB-500Kr
KAB-1500Kr

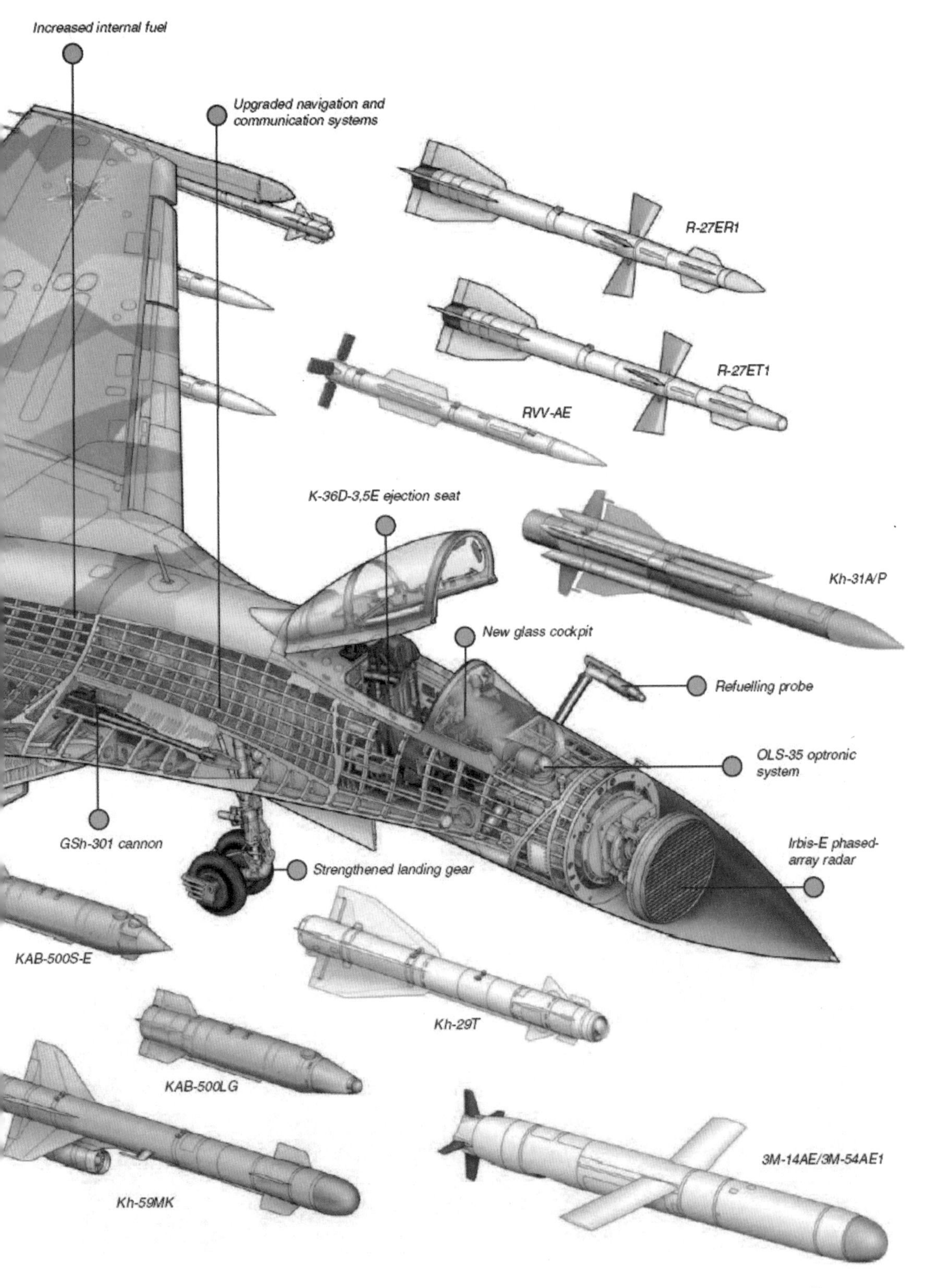
Increased internal fuel
Upgraded navigation and communication systems
R-27ER1
R-27ET1
RVV-AE
K-36D-3,5E ejection seat
Kh-31A/P
New glass cockpit
Refuelling probe
OLS-35 optronic system
Irbis-E phased-array radar
GSh-301 cannon
Strengthened landing gear
KAB-500S-E
Kh-29T
KAB-500LG
3M-14AE/3M-54AE1
Kh-59MK

蘇—35戰鬥機秉承了「側衛」家族的強大攻擊能力，可以執行空中優勢、對地攻擊和海上反艦等多種作戰任務。機身下部裝有傳統的GSh—301—1 30mm機炮，備彈150發。12個外掛點，最大武器載荷為8噸，通過精心安排各種空對空和空對地導彈，火箭彈，制導炸彈，將攻擊能力提升到一個新的水平。

下圖：R—27 系列阿摩拉（AA—10）中距離空空導彈

下圖：R—73 系列射手（AA—11）短距離空空導彈

下圖：R—73E 和 RVV—AE

本面圖：R—77 系列蟒蛇（AA—12）中距離空空導彈

本面圖：RVV—AE 和 R—27ET1

蘇霍伊設計局在最新的宣傳資料上，提到了一種 K—100—1 型遠距空空導彈。K—100 是上世紀 90 年代俄羅斯研製的一種遠程空空導彈，曾一度被廢棄，這次作為今後安裝在蘇.35 戰鬥機上的「高端」空空導彈再次亮相。據稱，K—100 的有效射程達到 230 千米，K—100—1 為 K.100 的改進型，這種導彈可以在防區外攻擊預警機、對地監視飛機和空中加油機，是一種頗具攻擊性的武器。

Kh—29 系列小錨（AA—14）空地導彈 Kh—31 系列氪（AA—17）反雷達超音速空地導彈

Kh—29T‧KAB—500S—E‧Kh—31A（左至右）

Kh—59 中心梢（AA—13）和 Kh—59M 蘆笛（AA—18）電視制導空地（艦）導彈，Kh—59MK 導彈是在 Kh—59M 電視制導導彈基礎上發展的，改用 36MT 型彈用渦扇發動機，射程達到 285 千米。彈長 5.7 米，重 930 千克，採用 320 千克的侵徹式戰鬥部，通過採用主動雷達制導，擴大了攻擊目標的種類，對於巡洋艦的發現距離為 25 千米，對於一般艦艇的發現距離為 15 千米。

炸彈

KAB—500 系列制導炸彈

KAB—1500 系列制導炸彈

LGB—250 激光制導炸彈

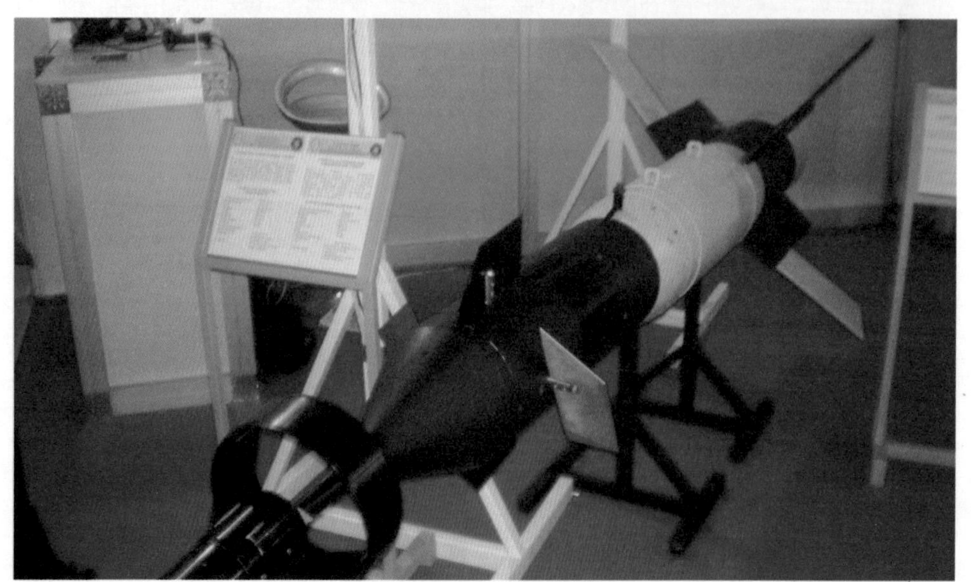

FAB—250 非制導炸彈

FAB—500 非制導炸彈

火箭彈

S—8 非制導火箭彈

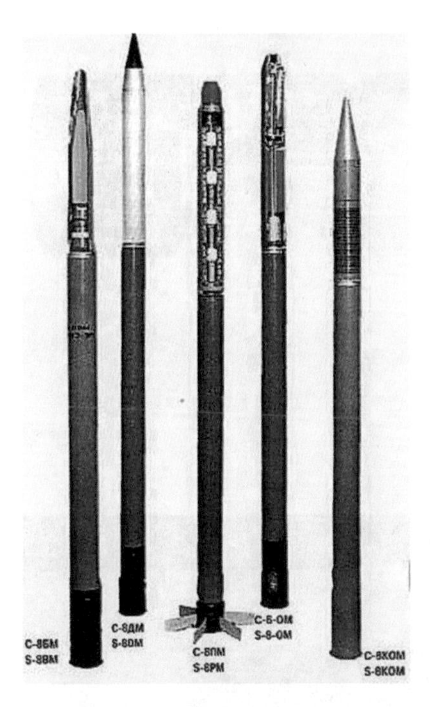

S—13 非制導火箭彈

S—25 系列火箭彈

蘇—35 戰鬥機選擇掛載的非制導炸彈和火箭彈與蘇—30MK 戰鬥機基本一樣，但是在未來能夠使用改進的或新型 500 千克和 250 千克的炸彈，以及 80、122 和 266/420 毫米火箭彈，包括激光制導型。

第6章

蘇—271B / 蘇—32 / 蘇—34

蘇—27IB戰術戰鬥轟炸機在蘇霍伊設計局內部的代號是T—10V，與標準型蘇—27最明顯的區別是前段機身加寬，可以容納並列而坐的兩名機組成員。它的另一大特點是被0.7英吋(17毫米)厚的鈦合金保護起來的「玻璃化」座艙，能夠保護機組成員免受防空炮火的傷害。另一個頗為奢侈的特點是座艙的內部高度，足夠讓機組成員在座艙中站立起來，在執行遠程任務時可以活動筋骨——甚至還有一個廁所，兩個座椅中間的區域足夠機組成員躺下睡覺。飛機安裝的K—36DM彈射座椅還具有背部按摩的功能。

航程遠、載重量大的驚人， 這是蘇—27與生俱來的特點，自然使其具有發展成為取代蘇—24「擊劍手」的戰術攻擊機的潛力。但是蘇—27IB的研製歷程異常漫長，走了很多彎路。

蘇—27IB的設計淵源是蘇霍伊設計局的海軍型蘇—27K，最初被命名為蘇—27KM—2，後來又改稱蘇—27KU。該計劃於80年代中期被束之高閣，因為與之配套的航母計劃擱淺了。但是在1990年8月，一名塔斯社（TASS）記者在「庫茲涅佐夫」號航空母艦上

蘇—27IB 可攜帶的部分武器彈藥展示，從左至右依次為：電視制導的 Kh—59M（AS—18「蘆笛」空對面導彈），射程為 71 英里（115 千米）；速度達 3 馬赫的 Kh—31（AS—17「氪」）反雷達—反艦導彈。圖中還可以看到為發射 Kh—59M 配備的的 APK—9 數據鏈吊艙，機身下方是「阿爾法」空對面導彈（ASM）的模型。

拍攝到了一架新式飛機模擬進場的照片。當時這架飛機被外界稱作蘇—27KU——一種新式艦載教練機。蘇霍伊設計局內部給這架飛機的命名是T—10V—1，而不是蘇—27KU，由阿納托利·伊萬諾夫駕機於1990年4月13日完成首飛。這架飛機是由標準型蘇—27UB改裝而來，全新的機頭則是由新西伯利亞工廠生產的。在最初開工生產之時，這種新式飛機可能是要成為蘇—27KU原型機，而當它下線之時卻有了新的用途——成為蘇—27IB轟炸機的試飛和概念驗證平台。當這架飛機再次出現在鏡頭中時，是在1992年2月，在明斯克的馬茲裡斯克向獨聯體（CIS）領導人做靜態展示，此時真相才顯露出來。這架飛機掛滿了各種空對地武器，儘管飛機前部的標識被遮蓋住了，但是塔斯社的記者們還是得以確認，它確實被命名為蘇—27IB。

後續飛機的生產轉移到了新西伯利亞工廠的前蘇—24「擊劍手」的生產線上，第一架飛機T—10V—2就是在那裡完工的，並於1993年12月18日完成首飛，由試飛員伊戈爾·伏廷切夫和葉夫根尼·列武諾夫駕駛。整個試飛進行了52分鐘。新西伯利亞工廠生產的飛機與第一架原型機有很多不同之處——起落架進行了加固，採用串聯式雙輪主輪，座艙後部安裝了更為完整的「駝峰」狀隆起，兩台發動機之間的安裝告警雷達的尾錐也加長了，垂尾也經過了改進。T—10V—1沿用了蘇—27UB的超大垂尾，但是試飛表明垂尾過大。因此，後續飛機改用標準型蘇—27的垂尾。另一個引人注目的區別是，翼根延伸部分的鋒利邊緣。

生產型飛機將具備全自動的地形跟蹤和敵方火力規避能力，而鴨翼則能減輕低空飛行時的陣風響應。但是最初的生產計劃是只生產4架生產型

蘇—32FN的一大特點是並列雙座，並著眼於爭取出口訂單——後綴字母「FN」的意思是「海軍戰鬥機」。它是一種超音速飛機，可以執行岸基攻擊、反艦、反潛和偵察任務。該型機最初生產於1994年，還一度被稱作蘇—32FM，以強調其多用途能力。現在它一般被稱為蘇—34。

飛機——第一架於1994年12月28日完成首飛。

同年初，當T—10V—2亮相時，飛機首次被稱為蘇—34，這可能是飛機正式服役後將採用的名稱。但是當1995年在巴黎航展上展出時，它卻被稱為蘇—32FN——後綴字母意味著這是一種出口型對海攻擊機。實際上，蘇霍伊設計局一直在向海外客戶推銷對海攻擊型的蘇—32FN和多用途的

蘇—32MF。最初使用的「IB」是俄語「istrebitel—bombardirovshchik」的首字母縮寫，意思是戰術戰鬥轟炸機。據稱該型機高速低空飛行時，作戰半徑為375英里（600千米）——高空飛行時，作戰半徑增加至700英里（1130千米），如果攜帶副油箱的話，作戰半徑將提升40%。蘇—27IB還可以進行空中加油，因此它的有效航程主要是受機組成員身體耐力和加油機出勤情況的限制。

T—10V—5是第一架安裝火控系統的飛機，於1994年12月28日進行試飛。火控系統的核心是B004雷達，是聖彼得堡的列尼涅茲設計局製造的。這種多功能雷達採用了電子掃瞄技術，能夠探測和攻擊空中、地面和水上的目標。它的作戰性能非常出色，能夠同時跟蹤和攻擊多個目標，安裝了分辨率更高的顯示器，具有更好的抗干擾性能。資料顯示，蘇—27IB可以攜帶俄羅斯製造的各種戰術空對面導彈，蘇—32FN則能夠攜帶兩枚「白蛉」重型反艦導彈和3枚（計劃中）多用途「阿爾法」空對面導彈（ASM）。據說飛機還可以攜帶Kh—65S亞音速巡航導彈，該導彈射程為155至175英里（250至280千米），以及戰略空軍裝備的速度達5馬赫的Kh—15S空射彈道導彈。與其他的「側衛」家族成員一樣，蘇—27IB在其右側翼根處也安裝了一門GSh—301機炮，攜帶180發炮彈。

儘管飛機主要是為了執行攻擊任務而設計的，但它也安裝了很強的空

對空作戰設備。由於重量和過載的限制，在近距離格鬥時它可能無法與對手抗衡，但是在超視距作戰方面，它卻具有強大的雷達和武器。蘇—27IB能夠發射射程為125至185英里（200至300千米）的空對空導彈，因此它能夠有效扮演遠距離截擊機的角色。

儘管資金不足，蘇—27IB的研製工作仍維持了幾年，飛機的國家驗收試驗及其武器系統的測試已經開始在阿赫圖賓斯克的試飛中心進行。蘇—27IB載滿燃料和武器時重量達45噸（99208磅/45000千克），這要比蘇—27重出50%。飛機平台本身還需要進一步測試，而更為強勁的發動機的問題也需要加以解決。與研究和開發計劃中製造的7架原型機不同，生產型飛機將安裝留裡卡—土星公司製造的新一代AL—41F渦扇發動機，開加力時推力達39342磅（175千牛）。這種新型發動機的推力比AL—31F高出近40%，燃油效率也更高。它將大大提高飛機的性能——更好的加速性能，更高的巡航速度，航程也增加了。

俄羅斯空軍急需戰術偵察機和電子戰機，它們也將由蘇—27IB改進而來。1997年春天，蘇—27R偵察機原型機在列尼涅茲設計局的工廠進行試飛，試飛員是奧列格·卓伊。飛機仍處於進一步測試之中，未來將正式服役。但是蘇—27IB的生產數量卻受很多因素限制，包括能否出口。至2015年至2020年，俄羅斯空軍可能至少需要550架飛機（包括偵察機），用以取代現役機群中同等數量的蘇—24。與此同時，這幾架樣機的製造費用由新西伯利亞工廠墊付，因為國家的撥款遲遲未能到位，這給工廠帶來了極大的負擔。很明顯，海外訂單對計劃至關重要，因此，新西伯利亞工廠大力向

蘇—34 大概可以算作俄羅斯空軍最為重要的新型飛機計劃，這種「側衛」衍生型號是為了取代蘇—24 等執行對地攻擊和反艦任務的飛機。試生產型飛機製造了 8 架（包括兩架靜力測試機），之後又生產了 10 架首批生產型飛機。圖中這架飛機是 1996 年生產的一架生產型飛機，並在第二年的巴黎和茹科夫斯基航展上亮相。

02

潛在客戶推銷該型飛機。1998 年，一個中國軍事代表團訪問了新西伯利亞工廠，印度也表示出很大興趣。這很正常，因為這兩個國家同樣在使用蘇—27 系列飛機，而且也在按照許可證自行生產蘇—27 和蘇—30。但是，俄羅斯政府還沒有給蘇—27IB 頒布出口許可證，而且該型機也沒有批量生產。毫無疑問，在俄羅斯現有的戰鬥轟炸機計劃中，蘇—27IB是皇冠上的明珠。

值得注意的是，1999 年底， 一架蘇—27IB 被部署到了莫茲多克，由俄羅斯空軍的測試和評估人員駕駛，還與蘇—24 和蘇—25 一道在車臣執行過作戰任務。

蘇—34 戰鬥轟炸機原稱蘇—27IB，是由俄羅斯的莫斯科蘇霍伊設計局聯合公司研製的戰鬥轟炸機。蘇—27IB 在 1990 年 4 月首飛。計劃用於替代蘇—24 和蘇—25 兩種作戰飛機。

C1

蘇—34 的固定武器為一門 GSH—301 型 30 毫米機炮（備彈 180 發，射速 1500 發／分，初速 860 米／秒）。機上共有 10 個掛架，可攜帶多種武器。

42

第7章

蘇—35 生產訂單

最初蘇—27的研製走上了歧路，不得不進行重新設計，因為它阻力過大，操縱性有問題，性能也達不到要求。1986年底，生產型蘇—27（首批生產型）開始列裝蘇聯國土防空軍殲擊機部隊（IAPVO），在蘇聯解體之前，頂峰時期的裝備數量在500架左右。1996年初，俄羅斯空軍（VVS）當時裝備的蘇—27系列飛機僅130架左右，國土防空軍（PVO）的航空團裝備300多架，另外，俄羅斯海軍航空兵（AV—MF）也裝備了30多架。除了20架左右的蘇—33（蘇—27K）、3架蘇—27M（蘇—35）和5架蘇—30（蘇—27PU）之外，其他的飛機大都是基本型蘇—27或蘇—27UB教練機。

軍隊列裝

俄羅斯蘇霍伊公司2010年10月12日發佈公告稱，該公司年底前將向俄國防部交付第一架批量生產的蘇—35戰機。目前已經完成機組安裝階段。預計在2012年正式投入實戰。

位於阿穆爾河畔共青城的加加林航空生產聯合體去年秋天開始執行2015年前向俄羅斯國防部供應48架量產型蘇—35S的合同，該合同在MAKS—2009航展期間簽署。到達2020年最終預想配置到150—200架左右。

公告稱，蘇—35 戰機目前在車間進行最後的裝配，準備移交加加林航空生產聯合體飛行試驗車間。蘇—35 也面向國外市場。目前正在與有興趣引進該款戰機的東南亞、中東和南美國家舉行談判。委內瑞拉空軍就預計購入 24 架。

目前俄羅斯空軍現役的「側衛」數量大約為380架。除了教練機和用於儲備的飛機之外，俄羅斯空軍戰術飛機的數量大約為1800架。全世界的現役「側衛」數量大約為500架。批量生產結束後，俄羅斯向中國、印度和越南等國家出口過一定數量的蘇—27，但是這些飛機可能是已經生產了一部分甚至已經完工的飛機——俄羅斯軍方訂單取消後的遺留產品。一些來自俄羅斯的資料顯示，1994年後，5架蘇—30和3架蘇—35裝備了俄羅斯空軍，而這些飛機也可能改裝自共青城和伊爾庫茨克工廠的生產線上已經成型的飛機。

俄羅斯軍方大批量訂購蘇—27PU遠程截擊機、蘇—27IB戰術轟炸機和蘇—27M先進戰術戰鬥機的可能微乎其微，再繼續進行相關研製工作也顯得困難重重。蘇霍伊設計局不得不把注意力從國內軍方用戶轉向國外潛在客戶，但是收效也算不上顯著。第一代的基本型蘇—27只賣給了幾個傳統的蘇聯武器進口國，卻並沒有打開新市場。

儘管蘇霍伊設計局給各種蘇—27改型冠以各種編號，但是它卻未能向任何一個客戶提供任何一款真正意

義上的新一代「側衛」。不過蘇霍伊設計局有時卻給人截然相反的印象。2000年，蘇霍伊設計局宣佈未來4年內的銷售額有望達到70億美元，並將印度尼西亞空軍和馬來西亞皇家空軍視為蘇—30未來的潛在客戶。如果說缺乏訂單的情況算不得糟糕的話，「側衛」還存在著內憂——生產工作要由伊爾庫茨克、共青城和新西伯利亞的3家飛機工廠瓜分。伊爾庫茨克的飛機工廠牢牢掌握著印度的蘇—30計劃，而共青城的飛機工廠則壟斷了出口中國的「側衛」的生產，包括雙座型。新西伯利亞的飛機工廠只能依靠蘇—27IB計劃及其衍生型號勉強度日。1996年8月，這3家飛機工廠和蘇霍伊設計局（OKB）一道併入蘇霍伊航空軍工綜合體（AMIC）。

新成立的蘇霍伊公司的第一任領導是阿列克謝・費多羅夫，他也是伊爾庫茨克飛機製造聯合體（IAPO）的廠長，他的工作任命意味著飛機製造廠將有能力挑戰一直高高在上的蘇霍伊設計局的地位，蘇霍伊設計局認為這位廠長無疑會把工業方面的考慮置於科學和工程利益之前。蘇霍伊設計局重申了自己的立場，1999年5月29日，米哈伊爾・波戈相接替了費多羅夫的位置。與此同時，在這一人事變更背後，銀科姆銀行和奧內希姆銀行

蘇霍伊蘇—27IB/蘇—32FN「Bort 45」（飛機編號45）「Bort 4 5」是第3架試飛的蘇—27IB，於1994年12月28日昇空。6個月之後，它在1995年6月的巴黎航展上進行了展示，這也是並列雙座的「側衛」首次在西方亮相。這架飛機採用了亮麗的塗裝，被稱作「蘇—32FN」，意味著它是一款反艦攻擊機。雖然它很有可能與標準型蘇—27IB/34沒有特別明顯的細節區別，但是蘇霍伊設計局卻誇耀其安裝的「海龍」

也在試圖控制蘇霍伊公司，當然這可能只是一種短期的投機行為。完全私有化的轉型似乎不大可行，蘇霍伊公司更有可能採取部分私有化的方式，控制權仍由中央政府掌握。與此同時，蘇霍伊航空軍工綜合體（AMIC）還在試圖降低對海外出口的依賴，改變部分飛機零件要由俄羅斯以外的前蘇聯加盟共和國提供的情況。從長遠來看，這一做法是有利的，但是短期來看，這將導致混亂和困難。

在葉利欽總統執政期間，第一副總理尤里 · 馬斯柳科夫視察了飛機製造廠，並建議將蘇霍伊設計局和米高揚設計局合併，但是兩家設計局堅決反對。但是在馬斯柳科夫離職前，他任命蘇霍伊設計局的一位高級主管（尼古拉 · 尼克金）領導米高揚設計局。而在弗拉基米爾 · 普京總統任職期間，兩家設計局的合併工作開始啟動。在冷戰期間， 尺寸較小、價格較低、重量較輕的米格—29 曾大量出口，而蘇聯卻從不向華約盟國出售蘇—27，更不要說非盟國了——包括傳統的蘇

航電系統（配備「海蛇」雷達）的優點，該系統包括 ASW 聲納浮標（從機身中線處的吊艙投擲）及其信號處理設備。最近幾年，蘇霍伊設計局將蘇—32 稱作蘇—27IB/34 的出口型。除了在海外進行展示，「Bort 45」還參與了俄羅斯空軍的蘇—27IB/34 試飛與性能測試，甚至可能參加了 1999 年在車臣進行的作戰評估。據信，參與試飛的飛機有 6 架，最新的一架（「Bort 47」）於 2000 年 8 月升空。

上圖：隸屬第 23 近衛殲擊航空團的「藍 07」號蘇—27SM 從岑特拉那雅—奧格魯瓦亞空軍基地起飛。

右圖：隸屬第 23 近衛殲擊航空團的「紅 03」號蘇—27SM 完成降落過程。

上圖：隸屬第31近衛殲擊航空團的「紅01」號米格—29，注意其襟翼上簡化的空軍旗圖案。

式戰鬥機用戶，比如印度。直到冷戰結束後，蘇聯 / 俄羅斯無法提供訂單時，蘇霍伊設計局才真正開始向海外客戶推銷蘇—27。蘇霍伊設計局和俄羅斯國防部帶頭向外推銷二手的蘇—27，儘管這些飛機已經盡力翻新了。蘇—27 最重要的出口記錄出現於 1991 年，當時中國訂購了 24 架蘇—27SK 和兩架蘇—27UBK（也有的資料說是 20 架蘇—27SK 和 4 架蘇—27UBK）。這些飛機裝備了武漢的空 3 師 9 團，隨後又增購了第 2 批 22 架蘇—27SK 和兩架蘇—27UBK（也有的資料說是 16 架蘇—27SK 和 6 架蘇—27UBK）。這些飛機有的被部署到了連城，其中 17 架在 1997 年 4 月的一場颱風中受損——據說其中 3 架損傷嚴重，無法修復。中國的訂單是迄今為止蘇霍伊設計局最大的出口記錄。雖然這些飛機的官方名稱是蘇—27SK，但是它們很有可能與俄羅斯空軍裝備的蘇—27 沒什麼兩樣，儘管有資料表明這些飛機安裝了「祖克」（Zhuk）—27 雷達。

1996 年 2 月，中國獲得了俄羅斯簽署的生產許可證，俄羅斯生產的 48 架蘇—27 到貨後，中國將自行組裝 200 架蘇—27。1997 年，蘇霍伊設計局向中國交付了價值 1.5 億美元的生

蘇聯解體後，烏克蘭繼承了在其領土上部署的數量可觀的作戰飛機， 這其中就包括蘇—27。幾年後，新獨立出來的烏克蘭重組了自己的空軍，將其置於統一的指揮之下。現在，烏克蘭具備作戰能力的「側衛」主要部署在米爾哥羅德和別利別克的空軍基地。

產工具。中國希望在最初的幾年中每年生產6至7架蘇—27，2002年後年產量提高到15架。實際上，瀋陽飛機製造廠組裝的前兩架蘇—27首飛後就被迫停飛，由俄羅斯的技術人員重新組裝，到2000年底，只製造出了5架本土組裝型蘇—27。由於蘇—27的本土組裝進程嚴重滯後，中國又向俄羅斯購買了20架以上的蘇—27UB，這一數字還被包括在許可中國生產的蘇—27數字之內。有資料顯示，這些後期交付的是（或者最終將被改進為）多用途的蘇—30MKK雙座攻擊戰鬥機。實際上，中國已經訂購了60架蘇—30MKK，其中10架於2000年底交貨。同時，俄羅斯也想盡辦法使中國無法自行生產未經許可的飛機，以防其再出口，因此沒有批准發動機和航電設備的生產許可證，而這兩部分至少佔據飛機價值的30%。

另外一個客戶出現於1995年，越南接收了第一批7架蘇—27SK 和5架蘇—27UBK，裝備在藩朗和金蘭灣駐防的一個中隊。此外，哈薩克斯坦也採用部分付款的方式購買了第一批6架蘇—27，部分債務以俄羅斯政府使用拜科努爾航天發射場的租金抵消，另外4架於1997年交貨。俄羅斯承諾，一共向哈薩克斯坦提供32架飛機。2000年中，敘利亞也購買了大約8架二手的蘇—27，這些飛機交給了一個前線航空團，基地位於米那可（空軍學院所在地）和大馬士革。在發生衝突的地方，有些國家就會前來兜售先進作戰飛機，蘇—27也趁此機會成功創造了幾次規模不算太大的銷售記錄。例如，埃塞俄比亞於1998年裝備了8架二手的蘇—27，並用這些飛機有效對抗了鄰國厄立特裡亞的近乎全新的米格—29，至少擊落了其中兩架米格—29。安哥拉也購買了8架——可能是從白俄羅斯購買的，安哥拉的飛行員在白俄羅斯接受了飛機改裝訓練，而技術支持和後勤保障則依靠烏克蘭。最近，蘇霍伊航空軍工綜合體正努力向多個國家推銷各種型號的蘇—27，包括澳大利亞（蘇—30MK，蘇—32FN和蘇—35/37）、新西蘭（蘇—27或蘇—30）、智利、希臘、印度尼西亞、馬來西亞、新加坡和南非，但是收效甚微。

作為敵方的飛機，有一次蘇—27差點贏得訂單，不過美國玄武石技術公司這一野心勃勃的計劃卻被美國國內的規章制度所阻撓——即便是民事註冊的蘇—27也不行。但是據報道，1995年11月26日，安—124運輸機

上圖：蘇霍伊公司推出的新型「側衛」改型似乎無法複製以前的成功記錄，除非它們能夠安裝更為現代化的系統，並對座艙加以改進。而西方的新型戰鬥機已經或者即將服役，它們在設計、技術和性能方面具有新特點，已顯老態的蘇—27 很難與之匹敵。

至少將 1 架蘇—27 被運到了美國。另有報道指出，日本曾有興趣購買兩架蘇—27 作為「入侵敵機」，但是卻沒能成功，因為蘇霍伊設計局不願意接受低於 6 架飛機的訂單。但是，日本航空自衛隊（JASDF）的兩名飛行員卻於 1988 年耗資 30 萬美元，接受了訓練、熟悉和評估計劃。

儘管蘇霍伊公司給各種型號的「超級側衛」大做廣告，但是僅有數量有限、改進不大的蘇—33 裝備了俄羅斯海軍，而交付國土防空軍（PVO）和印度空軍的少量的蘇—30 只能算是安裝了空中受油管的蘇—27UB 教練機。蘇霍伊設計局（OKB）與伊爾庫茨克、共青城和新西伯利亞的 3 家飛機工廠之間爭吵不休，不但不會有助於蘇—27的銷售，反而會加深根本矛盾。從目前的情況看，基本型「側衛」已經落伍了，改個名字、換個標籤是不夠的。蘇霍伊公司大力推銷的蘇—30、蘇—32、蘇—34、蘇—35和蘇—37的可靠性是個問題，在打開新市場方面缺乏競爭力。

蘇—27出色的機身和發動機組合至今令人印象深刻，而蘇霍伊設計局又成功引入了前置鴨翼、矢量推力和全新的線傳飛控系統（FBW FCS），基本型蘇—27的航電設備也就顯得性能不足了。但是俄羅斯新一代的航電設備仍處於測試之中，性能尚待驗證。與此同時，國際軍火市場上需要的卻是更為精密和先進的產品。不幸的是，仍然有人不願意承認蘇—27的根本缺陷所在，有時甚至不願意向潛在客戶提供足夠的信息，自然難以刺激其購買慾望。

此外，儘管蘇聯航空工業的部分領導人表示願意在其飛機上安裝國外的武器或者航電設備，以滿足國外客戶的要求，但是這種情況少之又少。例如，現役的蘇—27和米格—29無法攜帶任何一種西方導彈。即便是在現有型號上安裝俄羅斯的新式武器和航電設備，這一過程也非常緩慢。例如，根據1996年簽署的初步合同，印度希望分4批購買40架蘇—30MKI——一批一批性能逐步提升，最後達到裝備齊全的終極型號。所有的飛機要在1999年至2000年交付完畢——最後一批將具備先進的對地攻擊航電設備、前置鴨翼和矢量推力。實際上，至2000年底，印度只接收了18架飛機——而且這些

飛機明顯只是基本型蘇—27UB教練機。

歐洲戰鬥機和其他西方先進戰鬥機在設計之時都進行了電腦模擬，將一架具備矢量推力、安裝鴨翼的蘇—27 作為基本威脅，並假設其雷達和武器可以與西方飛機匹敵。但實際上這種「側衛」並不存在，甚至連這樣的改進計劃都沒有。不具備這些先進特點的飛機，沒有資格繼承「側衛」曾經令人望而生畏的榮譽。

上圖：一架蘇—34戰鬥轟炸機展示其機動性，其外部掛裝可以給人留下相當深刻的印象。

下圖：低視角拍攝的利佩茨克中心的蘇—34。

上圖：左側和最左側：兩張蘇—34座艙圖片，可以看見其控制面板上安裝了五塊多功能顯示器，兩塊由飛行員控制，另三塊由武器官控制。

下圖：蘇—34在展示它的「駝峰」飛行和鴨翼，在起飛後隨即向右滾翻。

蘇—27

翼展	48 英尺 3 英吋（14.71 米）
機身長度，不加空速管	72 英尺（21.95 米）
高度	19 英尺 6 英吋（5.93 米）
整機空重	36112 磅（16380 千克）
最大燃油重量	內油 20723 磅（9400 千克）
正常起飛重量	51015 磅（23140 千克）
最大起飛重量	62391 磅（28300 千克）
最大飛行速度	1429 英里 / 小時（2300 千米 / 小時）
海平面最大飛行速度	870 英里 / 小時（1400 千米 / 小時）
過載	+9g
實用升限	60700 英尺（18500 米）
進場速度	140 英里 / 小時（225 千米 / 小時）
起飛距離	2133 至 2297 英尺（650 至 700 米）
著陸距離	2034 至 2297 英尺（620 至 700 米）
轉場航程	2312 英里（3720 千米）
攜帶 10 枚空對空導彈時的最大航程	1740 英里（2800 千米）
高空作戰半徑	677 英里（1090 千米）
低空作戰半徑	261 英里（420 千米）
座艙	一名飛行員
發動機	兩台留裡卡—土星或莫斯科「禮炮」發動機製造廠的 AL—31F 渦扇發動機，開加力時每台發動機推力 27558 磅（122.6 千牛）
任務傳感器	S—27（N001）雷達，對迎頭的戰鬥機類型目標的探測距離為 62 英里（100 千米）；外加激光測距儀的 OEPS—27 紅外搜索 / 跟蹤設備（跟蹤距離 31 英里 /50 千米）；Shchel—3U 頭盔瞄準具
武器	6 枚中程 / 增程型 R—27/R—27E（AA—10「楊樹」）空對空導彈，加 4 枚 R—73（AA—11「射手」）空對空導彈；或者攜帶 8818 磅（4000 千克）的炸彈或無控火箭彈；右側機翼的翼根前緣邊條（LERㄨ）處安裝一門單管 30 毫米 GSh—30—1 機炮，備彈 150 發
自衛系統	尾撐處安裝 32 具 APP—50 箔條 / 曳光彈發射器；翼尖處懸掛兩個「火網」（Sorbtsiya）—S 干擾吊艙

蘇—30

參照蘇—27，不同點如下：	
高度	20 英尺 10 英吋（6.36 米）
最大燃油重量	20723 磅（9400 千克）
正常起飛重量	54520 磅（24730 千克）
最大起飛重量	67131 磅（30450 千克）
最大飛行速度	1336 英里 / 小時（2150 千米 / 小時）
海平面最大飛行速度	839 英里 / 小時（1350 千米 / 小時）
過載	+8.5g
實用升限	57415 英尺（17500 米）
最大航程	1864 英里（3000 千米）
海平面最大航程	789 英里（1270 千米）
座艙	串聯雙座
發動機	參照蘇—27
任務傳感器	與蘇—27 大致相同，增加了戰術數據鏈，以便於蘇—30 編隊指揮官給其他戰鬥機分配目標
武器	參照蘇—27
自衛系統	參照蘇—27

蘇—33

翼展	48 英尺 3 英吋（14.71 米）
機身長度，不加空速管	69 英尺 6 英吋（21.19 米）
高度	18 英尺 9 英吋（5.72 米）
最大起飛重量	72752 磅（33000 千克）
最大飛行速度	1429 英里 / 小時（2300 千米 / 小時）
海平面最大飛行速度	808 英里 / 小時（1300 千米 / 小時）
過載	+8g 至—2g
實用升限	55775 英尺（17000 米）
進場速度	149 英里 / 小時（240 千米 / 小時）
最大航程	1864 英里（3000 千米）
海平面最大航程	621 英里（1000 千米）
低空作戰半徑	261 英里（420 千米）
座艙	一名飛行員
發動機	兩台經過改進的留裡卡—土星或莫斯科「禮炮」發動機製造廠的 AL—31F3 渦扇發動機，開加力時每台發動機推力 28214 磅（125.5 千牛），具備緊急加力，採取了抗腐蝕保護措施
任務傳感器 / 自衛系統	參照蘇—27
武器	蘇—27 標準配置，外加經過特殊改進的 R—27EM 空對空導彈，以攻擊海面低空飛行的目標

蘇—34

翼展	48 英尺 3 英吋（14.71 米）
機身長度	81 英尺 4 英吋（24.81 米）
高度	19 英尺 11.5 英吋（6.08 米）
最大燃油重量	內油 26676 磅（12100 千克），外加副油箱中的 15873 磅（7200 千克）
最大起飛重量	97797 磅（44360 千克）
最大飛行速度	1181 英里 / 小時（1900 千米 / 小時）
海平面最大飛行速度	808 英里 / 小時（1300 千米 / 小時）
過載	+7g
實用升限	45930 英尺（14000 米）
起飛距離	4134 英尺（1260 米）
著陸距離	2953 英尺（900 米）
轉場航程	2796 英里（4500 千米）
作戰半徑（低空飛行，最大燃油量）	702 英里（1130 千米）
作戰半徑（低空飛行，僅攜帶內油）	373 英里（600 千米）
座艙	並列雙座
發動機	目前使用的是兩台留裡卡—土星或莫斯科「禮炮」發動機製造廠的 AL—31F 渦扇發動機，開加力時每台發動機推力 27558 磅（122.6 千牛）；未來生產型飛機將安裝留裡卡—土星的 AL—41F 渦扇發動機，開加力時每台發動機推力 39342 磅（175.0 千牛）
任務傳感器	機頭安裝聖彼得堡的列尼涅茲設計局製造的 B004 相控陣雷達，具備地形跟蹤和地形迴避能力，對 3 平方米的目標的探測距離是 56 英里（90 千米），對地面車輛的探測距離是 19 英里（30 千米），對水面戰艦的探測距離是 84 英里（135 千米）。尾撐頂端安裝後向空對空雷達
武器	12 個掛架可攜帶 17637 磅（8000 千克）彈藥，包括俄羅斯現役的和未來將裝備的空對面武器，以及短程和中程空對空導彈，右側機翼的翼根處安裝一門 GSh—301 機炮，備彈 180 發
自衛系統	Khibiny 主動電子干擾系統，包括告警接收器、主動電子干擾器和箔條 / 曳光彈發射器；尾部安裝的後向空對空雷達

蘇—35

翼展	48 英尺 3 英寸（14.71 米）
机身长度	72 英尺 9 英寸（22.18 米）
高度	21 英尺 1 英寸（6.43 米）
重量	
整机空重	40565 磅（18400 千克）
最大燃油重量内油	22928 磅（10400 千克），外加两个 529 加仑（2000 升）的副油箱中
正常起飞重量	56593 磅（25670 千克）
最大起飞重量	74936 磅（34000 千克）
最大飞行速度	1553 英里 / 小时（2500 千米 / 小时）
海平面最大飞行速度	870 英里 / 小时（1400 千米 / 小时）
过载	+9g
实用升限	58402 英尺（17800 米）
爬升率	每分钟 45275 英尺（230 米 / 秒）
所需跑道长度	3937 英尺（1200 米）
最大航程	1988 英里（3200 千米）
低空最大航程	864 英里（1390 千米）
任务传感器	采用平板缝隙天线的 N011 或相控阵天线的 N011M 雷达，对战斗机类型目标的最大探测距离为 50 或 62 英里（80 或 100 千米）；加厚的尾撑内安装了 N012 后视雷达；OLS—27K 光电搜索 / 跟踪设备；Shchel—3U 头盔瞄准具
武器	14 个挂架可携带 17634 磅（8000 千克）武器，包括俄罗斯所有的现代化空对空导弹和战术空对面导弹，一门单管 30 毫米 GSh—30—1 机炮
自卫系统	结合了告警接收器、主动电子干扰器和箔条 / 曳光弹发射器的主动电子干扰系统
座舱	一名飞行员
发动机	两台留里卡—土星或莫斯科“礼炮”发动机制造厂的 AL—31FM 涡扇发动机，开加力时每台发动机推力 28219 磅（125.5 千牛）；也可以安装具备矢量推力的 AL—31FP 发动机

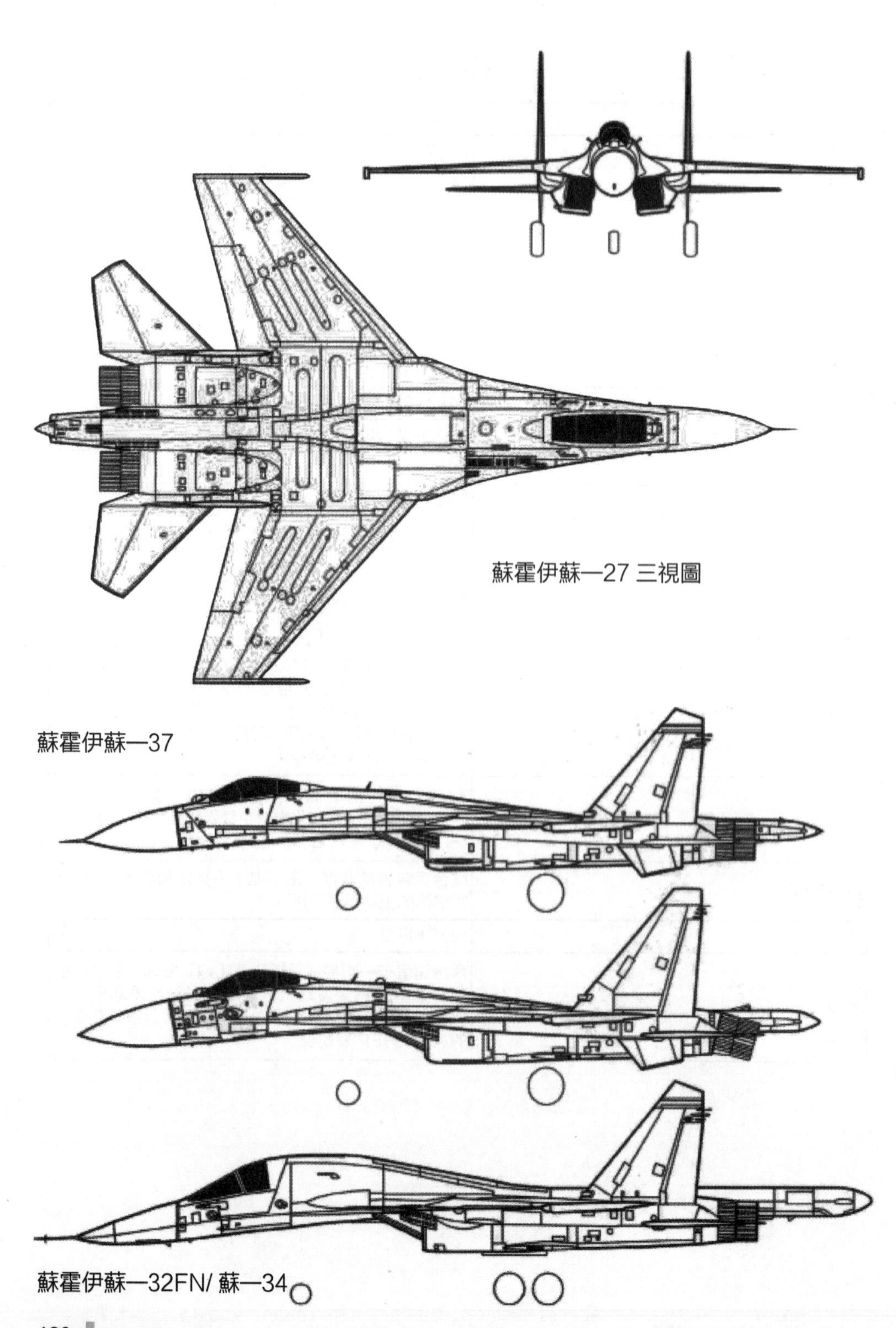

蘇霍伊蘇—27 三視圖

蘇霍伊蘇—37

蘇霍伊蘇—32FN/ 蘇—34

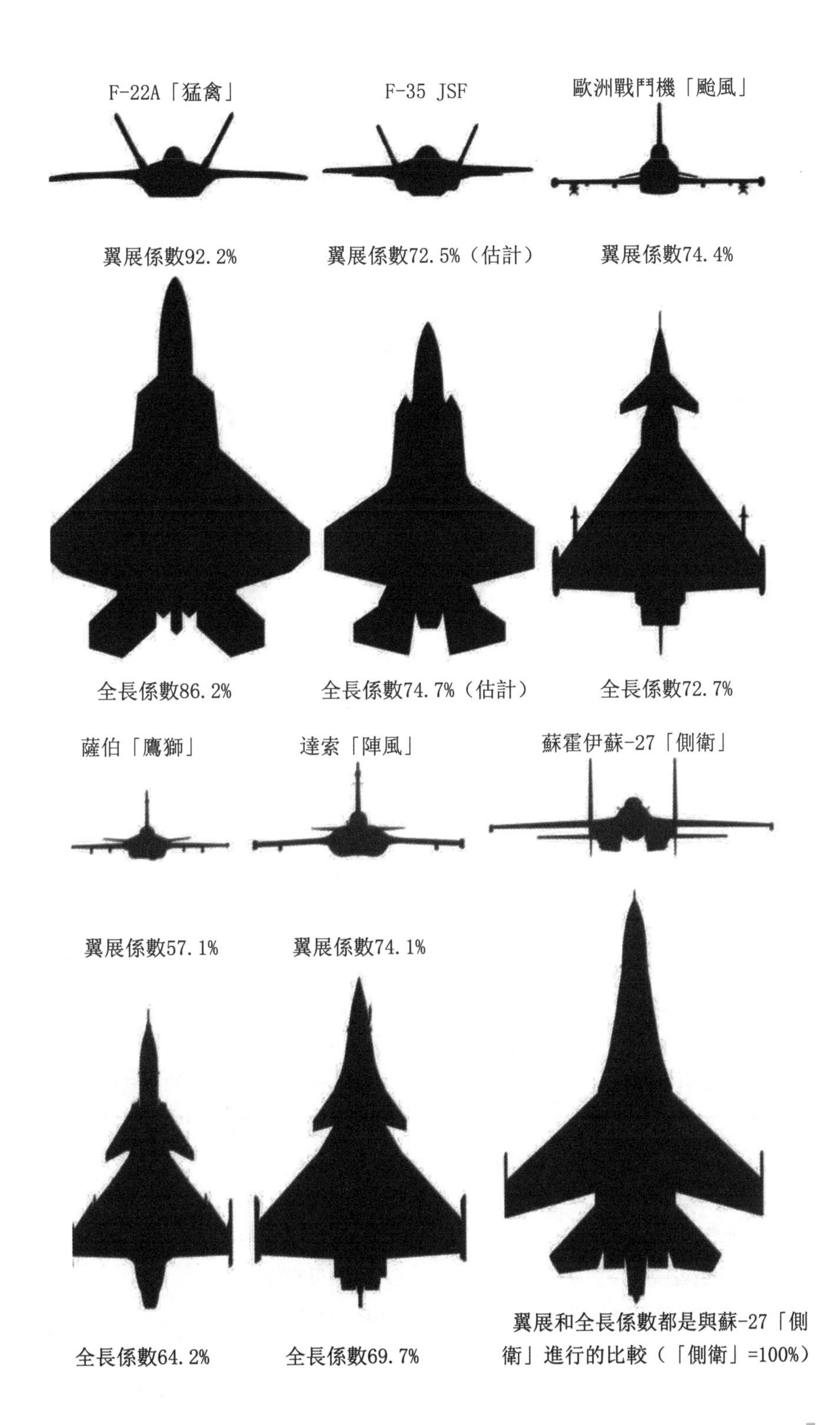

翼展和全長係數都是與蘇-27「側衛」進行的比較（「側衛」=100%）

附錄 英文縮寫術語表

AAM：空對空導彈
A A S M：模塊化空對地武器
（法語首字母縮寫）
ACC：空軍作戰司令部
ACFC：風冷式飛行關鍵設備
ACP：音頻控制面板
ACT：主動控制技術
AD：防空
AdA：法國空軍
ADF：空優戰鬥機
AESA：有源電子掃瞄陣列
AEW：機載早期預警
AEW&C：機載早期預警和控制
AFFTC：美國空軍試飛中心
AFOTEC：空軍作戰測試評估中心
AFTI：先進戰鬥機技術綜合應用計劃
AGM：空對地導彈
AIL：航電綜合實驗室
AMI：意大利空軍
AMIC：航空軍工綜合體
AMRAAM：先進中距空對空導彈
AMSAR：機載多模式固態有源相控陣雷達
AMU：音頻管理組件
ANF：未來反艦導彈
AoA：攻角
APU：輔助動力裝置
ASEAN：東南亞國家聯盟
ASM：空對地導彈
ASMP—A：改進型中程空對地導彈
ASRAAM：先進短程空對空導彈
ASTA：機組人員合成訓練輔助系統
ASTOVL：先進短距起飛 / 垂直降落
ASW：反潛戰
ATF：先進戰術戰鬥機
ATFLIR：先進瞄準前視紅外系統
AWACS：機載預警和控制系統
AWACS：機載預警與控制系統
BVR：超視距
BVRAAM：超視距空對空導彈
CAD：腦輔助設計
CALF：通用廉價輕型戰鬥機
CAP：空中戰鬥巡邏
CAS：近距空中支援
CATB：聯合航電系統測試平台
CCDU：通信控制顯示單元
CDA：概念驗證機
CDL39：通信和數據鏈 39
CFC：碳纖維複合材料
CFT：保形油箱
CINC：總司令
CIP：通用集成處理器
CNI：通信、導航和識別
COTS：商務現貨供應
CRT：陰極射線管
CT/IPS—E：駕駛員座艙訓練器 / 飛行員互
動站—升級版
CTF：聯合試驗部隊
CTIP：連續技術插入計劃
CTOL：常規起降
CV：航母艦載型
DAB：國防採購委員會
DALLADS：丹麥陸軍低空防空系統

DARPA：美國國防部先進研究計劃局
DASS：輔助防禦子系統
D E－H a w k s：丹麥增強型「鷹」
DemVal：演示驗證
DERA：英國國防評估與研究局
DIOT&E：專用初始作戰試驗和評價
DIRS：分佈式紅外傳感器
DVI：直接音頻輸入
DVI/O：直接語音輸入 / 輸出
ECM：電子對抗設備
ECS：環境控制系統
EdA：西班牙空軍
EFI：歐洲戰鬥機國際公司
EM：雷達制導
EMD：工程和製造發展
EMP：電磁脈衝
EO：光電
E—Scan：電子掃瞄
ESM：電子支援設備
EW：電子戰
Excom：執行委員會
F—22 SPO：F—22 系統計劃辦公室
FADEC：全權數字式電子控製器
FBW：線傳飛控
FCLP：陸上模擬著艦練習
FCS：飛行控制系統
FJCA：未來聯合作戰飛機
FLIR：前視紅外系統
FMRAAM：未來中距空對空導彈
FMS：全任務模擬器
FMV：瑞典國防裝備管理局
FMV：PROV：瑞典國防裝備
管理局下轄的測試部隊
FOAS：未來攻擊飛機系統
FOC：全面作戰能力
FPA：焦平面陣列
FQI：油量指示器
FSO：前扇區光學系統
FTB：飛行測試平台
FUS39：飛行改裝訓練系統 39
FY：財年
GaA：砷化鎵
GCI：地面指揮截擊
GFRP：玻璃纖維強化塑料
GFSU JAS 39：「鷹獅」高級作戰訓練
GFU：基本飛行訓練（瑞典語
首字母縮寫）
GMTI：地面移動目標指示
GPS：全球定位系統
GPWS：地面迫近警告系統
GTA：地面通信放大器
GTU：基本戰術飛行訓練（瑞典語首字母
縮寫）
HAS：加固型飛機掩體
HAV：大攻角速度矢量
HE：高爆
High—Alpha：大攻角
HF：高頻
HMD：頭盔顯示器
HOTAS：手控節流閥控制系統
HRR：高分辨率
HUD：抬頭顯示器
ICAP—III：增加能力 III
ICAW：提示 / 注意 / 告警
ICP：綜合核心處理器
ICS：內部干擾對抗系統
IFDL：機間數據鏈
IFF：敵我識別系統

IIR：紅外成像
ILS：儀表著陸系統
INS：慣性導航系統
IOC：初始作戰能力
IPA：裝測試設備生產型機
IR：紅外
IRIS—T：紅外成像系統—尾翼推進矢量控制
IRST：紅外搜索與跟蹤
IRSTS：紅外搜索與跟蹤系統
ITV：儀器測試載具
J/IST：聯合綜合子系統技術
J/IST：聯合綜合子系統技術
JAS：戰鬥 / 攻擊 / 偵察機
JASDF：日本航空自衛隊
JAST：聯合先進攻擊技術
JDAM：聯合直接攻擊彈藥
JHMCS：聯合頭盔目標提示系統
JIRD：聯合暫時需求文件
JOANNA：聯合機載導航和攻擊
JORD：聯合使用需求文件
JTIDS：聯合戰術信息分佈系統
KEPD：動能穿甲破壞者
KIAP：艦載戰鬥機航空團
KLu：荷蘭空軍
kN：千牛
lb st：磅推力
LCD：液晶顯示器
LDGP：低阻通用炸彈
LERX：翼根前緣邊條
LFI：輕型前線截擊機
LGB：激光制導炸彈
LLTV：低照度電視
LMTAS：洛克希德·馬丁公司戰術飛機系統部
LO：低可探測性
LO/CLO：低可探測性 / 反低可探測性
LPI：低攔截概率
LPLC：增升起飛 / 巡航
LRIP：小批量試生產
LSO：著艦指揮官
LSPM：大尺寸動力模型
Luftwaffe：德國空軍
MACS：模塊化機載計算機系統
MDC：微型引爆索
MDPU：模塊化數據處理單元
MFD：多功能顯示器
MFID：多功能儀表顯示器
MHDD：多功能低頭顯示器
MICA：攔截、空戰和自衛導彈（法語首字母縮寫）
MIDS：多功能信息分佈系統
MIDS—LVT：多功能信息分佈系統—小容量終端
MIRFS：多功能綜合射頻系統
MMH/FH：每飛行小時維修工時
MMIC：單片微波集成電路
MMT：多任務訓練器
MMTD：微型彈藥技術演示
MoD：國防部
MoU：諒解備忘錄
MTBF：平均故障間隔時間
MTO：最大起飛重量
MTOW：最大起飛重量
NAS：海軍航空站
NASA：美國航空航天局
NASAMS：挪威先進地對空導彈系統
NBILST：窄波束交錯搜索與跟蹤
NCTR：非合作目標識別 NETMA：北約歐

洲戰鬥機和「狂風」管理局
NVG：夜視鏡
OBIGS：機載惰性氣體生成系統
OBOGS：機載制氧系統
OCU：作戰轉換中隊
OEU：作戰評估中隊
OSA：開放式架構
PIO：飛行員誘導震盪
PIRATE：無源紅外機載跟蹤設備
PMFD：主多功能顯示器
PRF：脈衝重複頻率
PRTV：產品型驗證機
PWSC：優選武器系統概念
RAE：皇家航空研究中心
RALS：遠距加力升力系統
RAM：雷達吸波材料
RCS：雷達截面
RF：無線電頻率
RFI：無線電頻率干涉儀
RMS：偵察管理系統
ROE：交戰規則
RSV：飛行試驗隊
RW：雷達告警
RWR：雷達告警接收器
SAR：合成孔徑雷達
SDB：小直徑炸彈
SEAD：對敵防空壓制
SES：儲能系統
SFIG：備用飛行儀表組
SIGINT：信號情報
SIGINT/ELINT：信號情報 / 電子情報
SMFD：輔助多功能顯示器
SPECTRA：「陣風」戰鬥機對抗威脅的自衛設備
SPS：後備式電源系統
Stanags：標準化協議
STARS：監視目標攻擊雷達系統
STOBAR：短距起飛 / 阻攔降落
STOL：短距起降
STOVL：短距起飛和垂直降落
StriC：作戰指揮和控制中心
T/EMM：熱 / 能管理模塊
T/R：傳輸 / 接收
TACAN：戰術空中導航
TARAS：戰術無線電系統
TBO：大修間隔時間
TER NAV：地形參照導航
TFLIR：瞄準前視紅外系統
TRD：拖曳式雷達誘餌
TRN：地形匹配導航系統
TU JAS 39：JAS 39 作戰試驗和評估部隊（瑞典語首字母縮寫）
TV：電視
UCAV：無人駕駛戰鬥機
UFD：前上方顯示器
UHF：超高頻
VHF：甚高頻
VHSIC：超高速集成電路
VOR：甚高頻全向信標
VSWE：實際攻擊戰環境
VTAS：語音控制操縱桿系統
VTOL：垂直起降
WSO：武器系統操作員
WVR：視距內

66
ВВС РОССИИ

66